Cornelia Faustmann / Walter Thirring

Einstein entformelt

Cornelia Faustmann / Walter Thirring

Einstein entformelt

Wie ihm ein Teenager auf die Schliche kam

Ein Spiel über die Kraft
des menschlichen Geistes in 4 Akten

mit wissenschaftlichen Fakten gewürzt von
Cornelia Faustmann

und mit Anmerkungen von
Walter Thirring

Seifert Verlag

Umwelthinweis:
Dieses Buch und der Schutzumschlag wurden auf chlorfrei gebleichtem Papier gedruckt. Die Einschrumpffolie – zum Schutz vor Verschmutzung – ist aus umweltverträglichem und recyclingfähigem PE-Material.

Illustrationen von
Joseph Koo´

1. Auflage

Umschlaggestaltung: Rubik Creative Supervision
Cover-Illustration: © Joseph Koo´
Verlagslogo: © Padhi Frieberger
Druck und Bindung: biro m, d.o.o., 1000 Ljubljana, Smartinska 130
ISBN-10: 3-902406-42-9
ISBN-13: 978-3-902406-42-2
Printed in Slowenia

Inhalt

Vorwort 7

Unsere Wege zu Einstein
Walter Thirring erinnert sich 8
Cornelia Faustmann erzählt, wie man Wissensdurst stillt 10

Handelnde Personen 15

1. Akt
Prolog im Himmel 16
Epilog des 1. Akts 28

Kleine biographische Sammlung
Euklid 30
René Descartes 33
Hermann Minkowski 38

2. Akt
Euklidische Parabel zum Zwillingsparadoxon 42
Epilog des 2. Akts 52

Zwischenspiel 52

3. Akt
Diskussionen in einem etwas intellektuelleren Milieu 53
Epilog des 3. Akts 74

4. Akt
Epilog im Himmel 77
Epilog des 4. Akts 87

Michaels Studierstube 89

Weiterführende Literatur 99

Vorwort

Was hat man nicht alles über Einstein schon zu lesen bekommen: Er wäre ein Revolutionär gewesen, normale Menschen könnten seinen verwinkelten Gedankengängen nicht folgen, und seine Mathematik sei zu schwierig. Wir wollen diese Aussagen hinsichtlich der bejubelten Speziellen Relativitätstheorie anfechten. Einstein hat nur das, was man vor 100 Jahren wusste, konsequent zu Ende gedacht. Von der eigentlichen geistigen Revolution – der Quantentheorie – hat er sich distanziert. Die einzelnen Schritte seiner Überlegungen folgen dem gesunden Menschenverstand, und mathematische Formeln brauchen wir kaum, sondern wir wollen sie durch Bilder ersetzen. Ein gewisses Umdenken ist natürlich notwendig, was am besten durch Diskussionen angeregt wird. Ja, am günstigsten lässt man alle Für und Wider durch vielerlei Repräsentanten artikulieren und macht ein kleines Spiel daraus. So verliert man auch die Scheu vor den tiefsten Geheimnissen der Natur. Auf diese Weise versuchen wir, Einsteins Erkenntnisse über das Wesen von Raum und Zeit zu vermitteln.

Wir hoffen, der Leser kann unter diesen verschiedensten Gedanken etwas Ansprechendes finden – seien es Fragen, von denen er nie wusste, wem sie zu stellen sind, sei es, dass sie ihm nie als fragwürdig erschienen waren. Wir bemühten uns zu zeigen, dass die einzelnen Schritte der Einstein'schen Gedanken leicht nachvollziehbar sind – in ihrer Summe bilden sie jedoch einen großen Schritt in der menschlichen Geistesgeschichte.

Unsere Wege zu Einstein

Walter Thirring erinnert sich

Ich sehe ihn noch vor mir als wäre es gestern gewesen: Die weiße Haarpracht etwas gelichtet, das Gesicht zerfurcht, aber sein Charisma ungebrochen. Viele Erfolge und Misserfolge im Leben hatten sein Gesicht gezeichnet: Im Sprechen ein Spätling, musste er einmal die Schule wechseln, sein Vater den Wohnsitz, denn sein Elektrobetrieb ging nicht gut und machte schließlich Pleite. Das Studium musste sich Einstein mit kleineren Lehrerstellen und Nachhilfeunterricht erkämpfen. Auch nach dem Studium blieben ihm akademische Stellungen verwehrt. Schließlich bekam er durch Protektion in Bern einen Job als Beamter III. Klasse am Patentamt. Doch hier fand er einen Freundeskreis mit gleichen Interessen, und in den vielen Diskussionen mit diesem erschlossen sich ihm wissenschaftliche Erkenntnisse, für die die größten Gelehrten seiner Zeit blind waren. Bei unserer ersten Begegnung fragte er mich, woher ich käme, und als ich sagte, ich hätte eine Assistentenstelle in Bern, ging ein verklärtes Lächeln über seine Züge. „Ja, in Bern, das war eine schöne Zeit", sinnierte er, „da habe ich so viel über Physik gelernt." Letzteres verwunderte mich, denn ich konnte mir nicht vorstellen, von wem er da etwas hätte lernen können. Auf meine Frage antwortete er: „Das war so: Ich ging nach der Arbeit gerne durch die Altstadt zum Bärengraben, um bei der Fütterung zu beobachten, wie die Bären an die besten Bissen herankamen. Da bemerkte ich, dass die meisten mit der Schnauze am Boden schlichen und nur zufällig etwas fanden. Einige wenige jedoch konnten sich auf die Hinterbeine stellen, um von dem erhöhten Blickwinkel aus zu sehen, wo die wirklich guten Brocken lagen. Dies hat mich so an die Physiker erinnert, die auf ihren Rechenzetteln doch nur bis zur nächsten Formel sehen. Die großen Erkenntnisse findet man aber nur, wenn man die größeren Zusammenhänge überschaut." Als ich Albert Einstein 1953 in Princeton begegnete, war er der größte Physiker des 20. Jahrhunderts, auch in der amerikanischen Öffentlichkeit ein Star. Ich war noch ein Anfänger, ein Nobody, und zwischen uns lag eine Alterskluft von fast 50 Jahren. Doch all diese Unterschiede waren wie weggeblasen, sobald wir über Physik zu diskutieren begannen. Die Faszination des Gegenstandes ließ mich zum vollwertigen Gesprächspartner wachsen. Wir sprachen nur über grundsätzliche Fragen. Einstein sagte mir, praktische Anwendungen würden ihn nicht mehr interessieren. Er wolle nur mehr dem Alten hinter seine Schliche kommen, sein Hauptaugenmerk galt den in der Natur waltenden Prinzipien.

Seither war ein halbes Jahrhundert vergangen, genügend Zeit um nachzusinnen, wie die erstaunlichen Konsequenzen von Einsteins Gedanken am besten zu verstehen wären. Auch hielt ich immer nach neuen Ideen Ausschau, und wie ich so in der Bibliothek herumschmökerte, erblickte ich eine Arbeit über die kühnsten Folgerungen aus Einsteins Allgemeiner Relativitätstheorie, über Schwarze Löcher und andere Wunden im Raum-Zeit-Gefüge. Der Autor kam aus Österreich, war mir aber völlig unbekannt. Ich war etwas erstaunt, denn ich glaubte zu wissen, wer hier etwas davon verstünde. Mein Erstaunen wuchs, als ich herausfand, dass die Arbeit von einem 17-jährigen Mädchen aus dem südlichen Niederösterreich stammte. Da gab es aber nirgends ein Zentrum von Relativitätstheorie. Es musste also den steinigen Weg des Selbststudiums gegangen sein, um in Einsteins Gedankenwelt einzudringen. Mir war sofort klar, dass ich aufgerufen war, diesen Weg zu ebnen und meinen Wissenstopf zu teilen.

Ich lud sie also zu einem Vortrag ein, und wieder übersprang der Funke die Alterskluft. Seither haben wir durch viele Diskussionen und Vorträge versucht, uns und anderen diese Ideen klarzumachen. Wieweit uns dies gelungen ist, muss der Leser/die Leserin dieses Buches selbst entscheiden.

Cornelia Faustmann erzählt, wie man Wissensdurst stillt

Alles begann mit einem Buch – mit einem Buch über Schwarze Löcher. Ich bekam es von meinen Eltern zu Weihnachten geschenkt, als ich 10 Jahre alt war. Zufällig hatte es meine Mutter bei einem Einkauf in einem Antiquariat entdeckt. Als ich es unter dem Christbaum auspackte, war ich begeistert und vertiefte mich sogleich in die ersten Seiten. Schon der Titel hörte sich verlockend an – er lautete „Schwarze Löcher, Wurmlöcher und Zeitmaschinen". Ich interessierte mich schon seit längerem für Science-Fiction, und so bot dieses Buch eine hervorragende Gelegenheit, mehr über den wissenschaftlichen Hintergrund der wildesten Spekulationen diverser Autoren zu erfahren. In den nächsten Tagen legte ich es nicht mehr aus den Händen – sogar bei der Weihnachtsfeier bei meinen Großeltern hatte ich es dabei, nur um jede freie Minute lesen zu können. Mein Onkel, der auch bei der Feier anwesend war, konnte es gar nicht fassen, dass sich ein Mädchen meines Alters schon für Schwarze Löcher und Relativitätstheorie interessierte.

Im Laufe der folgenden Jahre beschäftigte ich mich auf immer ausführlicherer wissenschaftlicher Basis mit der Physik, besonders mit der Modernen Physik. Ich war fast süchtig nach den aktuellsten Artikeln und Büchern über physikalische Themen und legte so gut wie mein gesamtes Taschengeld in entsprechende Bücher und Zeitschriften an.

Im Physikunterricht in der Schule fieberte ich dem Zeitpunkt entgegen, an dem endlich die Relativitätstheorie durchgenommen werden sollte. Ich hoffte, dann endlich vieles genauer verstehen zu können. Als es schließlich so weit war, erkannte ich enttäuscht, dass ich das meiste, was wir lernten, ohnehin schon wusste. Die vielen Diskussionen mit meiner Physikprofessorin, die stets geduldig auf jede Frage einging, entschädigten mich allerdings dann dafür. Ich war, wie in anderen Gebieten auch, nicht nur auf einzelne spektakuläre Effekte aus, sondern mich faszinierten auch die großen Zusammenhänge, wie die Verbindungen mit Philosophie und Religion. So verschlang ich damals eben die „Kosmischen Impressionen" von Walter Thirring mit Begeisterung.

Zur Matura wählte ich als Spezialgebiet aus Physik das Thema der Schwarzen Löcher. Meine Physikprofessorin akzeptierte das sofort, aber ich erfuhr später, dass in anderen Schulen dieses Thema nicht als Spezialgebiet für die Matura zugelassen wurde, weil es zu schwierig sei. Es war also mein Glück, dass ich eine junge Professorin hatte, die nicht wusste, was da auf sie zukommen könnte.

Jedenfalls setzte ich mich schon in den ersten Tagen der Sommerferien der siebenten Klasse hinter den Computer und schrieb die wichtigsten Fakten über Schwarze Löcher aus meinen zahlreichen Büchern, Zeitschriften und dem Internet zusammen. Nach zwei Wochen hatte ich schon 50 Seiten. Kürzen wollte ich später noch. Dann ging es in den Urlaub. Als ich gegen Schulanfang meine Arbeit durchlas, war ich etwas ratlos, denn ich sah keine Möglichkeit, sie zu straffen – es waren nur wichtige Aspekte enthalten, die man einfach nicht weglassen konnte, ohne dass das Verständnis des Zusammenhangs der Phänomene verloren ging. Meine Mutter riet mir, aus dem Spezialgebiet eine Fachbereichsarbeit zu machen. Meine Physikprofessorin war sogleich einverstanden damit, und nachdem die formalen Kriterien erledigt waren, vertiefte ich mich in die Arbeit. In beinahe wöchentlichen Gesprächen gab mir meine Physikprofessorin wertvolle Verbesserungsvorschläge. Allerdings uferte die Arbeit bald aus, denn ich baute immer noch aktuellere Artikel ein, fügte Abschnitte über die Einstein'schen Feldgleichungen und das holografische Prinzip hinzu und widmete mich an anderer Stelle der Superstring-Theorie. Meine Professorin war davon nicht gerade begeistert, da sie meinte, ich würde die höhere Mathematik der Feldgleichungen wahrscheinlich ohnehin nicht verstehen, aber ich setzte mich schließlich durch und durfte diese für mich interessantesten Themen beibehalten.

Nachdem meine Fachbereichsarbeit abgeschlossen war, entdeckte ich im Internet, dass solche Arbeiten aus Physik auch prämiert wurden. Ich reichte meine Arbeit ein, machte mir allerdings keine großen Hoffnungen auf einen Preis. So traf mich die Nachricht der Österreichischen Physikalischen Gesellschaft, dass meine Fachbereichsarbeit als eine von dreien in ganz Österreich zur Prämierung ausgewählt worden war, wirklich aus heiterem Himmel. Zur Auszeichnung wurde ich anlässlich der Tagung der ÖPG nach Linz eingeladen, was für mich ein unvergessliches Erlebnis bleiben wird.

Noch ein zweites Mal wurde meine Fachbereichsarbeit prämiert – und zwar von der Österreichischen Gesellschaft für Astronomie und Astrophysik am Astronomie-Institut der Universität Wien.

Ich hatte mittlerweile Latein und Astronomie zu studieren begonnen. Da läutete eines Tages, als ich noch im ersten Semester war, plötzlich bei mir zu Hause das Telefon. Es meldete sich eine Stimme mit „Walter Thirring". Mir verschlug es fast den Atem, als ich begriff, dass der berühmte Professor persönlich am anderen Ende der Leitung war – ich hatte ja noch nie in meinem Leben einen hochrangigen Wissenschaftler kennen gelernt. Professor Thirring erzählte mir, er habe meine Fachbereichsarbeit gelesen, und möchte mit mir darüber sprechen. Wir vereinbarten also ein Treffen am Physikalischen Institut.

Bei diesem Treffen gab Walter Thirring mir nach einer freundschaftlichen Begrüßung eine Einführung in die Relativitätstheorie, wobei er die gesamte kleine Tafel seines Büros mit Formeln füllte. Aus dieser ersten Begegnung entwickelte sich schließlich eine konstruktive Zusammenarbeit. Walter Thirring ermöglichte es mir, in einem Seminar an der Universität und im math.space im Museumsquartier Vorträge über „Kausalitätsprobleme in Einsteins Feldgleichungen" zu halten. Seither verbindet mich eine sehr enge, herzliche Beziehung mit ihm und seiner Frau Helga, und wir führen die Diskussionen über Themen der Physik – hauptsächlich der Relativitätstheorie – in regelmäßigen freundschaftlichen Treffen fort.

Die Fakten und Aspekte der Relativitätstheorie, die mir Walter Thirring eröffnete, „personifizierten" sich im Laufe der Zeit in meiner Vorstellung, und so kam mir die Idee, diese faszinierende Theorie, in Dialogen verpackt, auch jenen Leuten zu vermitteln, die vor jeder mathematischen Beschreibung oder Formel zurückschrecken. Ich wollte einen entformelten Einstein „erschaffen" und die Relativitätstheorie nur mit Bildern erklären – jeder mathematische Formalismus sollte ausgespart bleiben. Durch die Diskussionen mit Walter Thirring hatte ich erkannt, dass eine rein bildliche Erklärung der Relativitätstheorie möglich ist, und wie ich diese Erklärung gestalten konnte. Neben meiner Fachbereichsarbeit ist also die Begegnung mit Walter Thirring Anstoß und Voraussetzung für dieses Buch geworden.

Im ersten Akt wollen wir ganz am Anfang beginnen, also bei der Schöpfung von Raum und Zeit. Mangels anderer Augenzeugen müssen die Erzengel als Bewunderer des Schöpfungsvorgangs dienen. In diesem Prolog verlassen wir allerdings bald die Wege Goethes im Faust, und die Diskussion zwischen den Engeln gewinnt mehr den Stil von Studentendebatten. So lassen wir die Vorstellungen der modernen Physik über die Entstehung von Raum und Zeit einfließen. Danach hatten diese zunächst viel mehr Dimensionen, eine viel größere Symmetrie als heute, sie waren also viel prächtiger. Doch bald verwelkt diese Schönheit, und es bleibt nur ein verrunzeltes Gebilde übrig. Daher erheben sich unter den Engeln Zweifel, ob daraus einmal für die menschliche Erkenntnis die ursprüngliche Pracht und Einheit hindurchleuchten würden. Zuletzt schließen die Erzengel eine Wette darüber ab, ob die

Menschen jemals hinter die letzten Geheimnisse der Natur kommen werden.

Der zweite Akt führt in eine viel schlichtere Gegend, wo Menschen versuchen, mit dem 3-dimensionalen Raum zurechtzukommen. Millionen Jahre Überlebenskampf haben in den menschlichen Verstand die Vorstellungskraft eines 3-dimensionalen Raums eingeschmiedet, obgleich wir immer nur 2-dimensionale Projektionen sehen. Was aber, wenn das Gen, das für diese Vorstellung verantwortlich ist, beschädigt wäre – wie könnten wir uns dann zurechtfinden? Durch mühsame, abstrakte Gedankenakrobatik gelingt es den fiktiven gengeschädigten Dorfbewohnern dennoch, das Wesen des 3-dimensionalen Raums zu ergründen.

Raum und Zeit bilden sogar eine 4-dimensionale Einheit, die sich allerdings erst bei Geschwindigkeiten nahe der Lichtgeschwindigkeit offenbart. Solchen ist der Mensch in seiner Evolution nie begegnet, und diese Erkenntnis hat keinen Selektionsvorteil geboten. Sie ist daher unserem Verstand fremd, und wir alle können hier nur die Projektionen wahrnehmen. Es bedarf eines Genies, das zu durchschauen. Dies geschieht im dritten Akt. Dabei begegnen wir wieder den gedanklichen Schwierigkeiten des zweiten Akts, wo wir sie allerdings als Zeichen von geistiger Minderwertigkeit belächelt haben.

Schließlich beraten die Erzengel im vierten Akt, wie weit die Menschen ihren Erwartungen entsprochen haben. Sie müssen zugeben, dass sich im Laufe der Jahrzehnte Albert Einsteins Geniestreich von 1905 zu einem Triumph der menschlichen Erkenntnisfähigkeit gesteigert hat. Die Frage, ob die Menschen schon die tiefsten Geheimnisse von Raum und Zeit enthüllt haben, bleibt allerdings offen.

Handelnde Personen:

1. Akt:
Gabriel der Skeptiker
Uriel der Enthusiast
Michael der Weise

⇨ *Die drei Erzengel nehmen durch wissenschaftliches Interesse menschliche Züge an, wobei ihr Diskussionsstil nicht die Eigenschaften höherer geistiger Wesen verrät.*

2. Akt:
Staberl
Stockinger
Schlaumüller
Polyglottilus

⇨ *Die schlichten Dorfbewohner mit ihren verschiedenen Ambitionen erarbeiten sich räumliche Vorstellungskraft.*

3. Akt:
Albert
• *das Genie*
Michele
• *ein treuer Freund*
Mileva
• *Alberts Frau*

⇨ *Albert erweitert die Vorstellungskraft auf Raum und Zeit.*

4. Akt:
Personen wie in Akt 1

⇨ *Wie weit die Erzengel den Menschen zugestehen können, Raum und Zeit deren Geheimnisse abgerungen zu haben.*

1. Akt

Prolog im Himmel

Bei der Schöpfung gibt es Augenzeugen, die Erzengel. Dieses großartige Schauspiel erweckt bei ihnen wissenschaftliches Interesse, und auch Goethe scheint etwas Derartiges im „Faust" geahnt zu haben. Als sich die anfängliche Harmonie zu zerspalten beginnt, haben sie einige Meinungsverschiedenheiten darüber, ob die Menschen erkennen werden, was hier zusammengehört. Mit Interesse besprechen sie die Schicksale dreier Menschen, welche um diese Erkenntnis ringen.

Alle Drei: Der Anblick gibt den Engeln Stärke,
da keiner Dich ergründen mag.
Und alle Deine hohen Werke
sind herrlich wie am ersten Tag.

Gabriel: Jetzt erkennt man bereits einige Konturen, und es funkelt schon aus vielen Richtungen.

Uriel: Ja, ich zähle ihrer 26 – unglaublich, dieser Reichtum!

Gabriel: Dieses Gebilde stellt das dar, was die Menschen einmal „Raum" nennen werden, und die 26 Richtungen sind seine Dimensionen (1). Aber Raum alleine kann es ja nicht sein, denn das wäre nur eine Bühne. Da muss dann jemand spielen – das heißt, es muss einen Inhalt geben.

1 Es ist ein beliebtes Spiel, sich auszumalen, wie man in einer Welt lebt, die eine andere Zahl von Raumdimensionen hätte als drei. Dieser Zeitvertreib erschien 1919 auf der wissenschaftlichen Bühne, als der Mathematiker Theodor Kaluza (1885–1954) bemerkte, dass man das elektromagnetische Feld gratis dazubekommt, wenn man in den Einstein'schen Gleichungen für die Gravitation eine vierte Raumdimension einführt, aber annimmt, dass nichts von dieser Koordinate abhängt. Dies klingt wie ein schlechter Witz, und so schien es wahrscheinlich auch dem Begutachter dieser Arbeit, der kein Geringerer als Einstein persönlich war. Aber irgendwie muss er gedacht haben, dass vielleicht doch was dran ist, und er hat die Arbeit nicht sofort abgelehnt, sondern zunächst einmal schubladisiert. Nach zwei Jahren fiel sie ihm wieder in die Hände und, etwas milder geworden, nahm er sie zur Publikation an. Dann schlug der schwedische Physiker Oscar Klein (1894–1977) vor, dass nichts von der zusätzlichen Koordinate abhängt, weil die nur über einen Kreis variiert, so klein, dass er unseren Beobachtungen nicht zugänglich ist. Bis heute hat sich die Faktenlage nicht geändert, es gibt kein experimentelles Resultat, welches zeigt, dass diese verborgene Dimension existiert oder nicht. Was sich geändert hat, ist der Zeitgeist, dieser innere Raum ist heute in, zu Hunderten werden Arbeiten darüber geschrieben und müssen nicht mehr zwei Jahre auf ihre Publikation warten. Dabei wird der Kreis immer mehr ausgebaut und bekommt immer mehr Dimensionen. Die genannten 26 (–4) waren nur eine vorübergehende Mode, und 26 steht nur für „viel“.

Uriel: Und dieser Inhalt ist das, was in der Physik einmal Felder (2) genannt werden wird – und diese Felder füllen den ganzen Raum.

2 *Im 19. Jahrhundert wurde klar, dass das Licht mit elektrischen Schwingungen einhergeht. Aber was schwingt denn da eigentlich? Damals sagte der Zeitgeist, man habe etwas nur richtig verstanden, wenn man ein mechanisches Modell dafür habe. Also nannte man dieses Etwas „Äther" und suchte eine Substanz mit solchen Eigenschaften. Das wollte absolut nicht gelingen, Transversalwellen mit solcher Geschwindigkeit und gar keine Longitudinalwellen trotzen jedem Modell. Noch dazu zeichnet diese Substanz keinerlei bewegungslosen Zustand aus, es muss also ganz etwas anderes sein. Man taufte daher den Äther auf Kraftfeld um und sagte, mit der elektromagnetischen und der Schwerkraft gingen eben so sonderbare Wesen einher. Doch dann gab es noch weitere Kräfte, etwa die Kernkräfte (Abdus Salam hatte allerdings in der Schule in Pakistan gelernt, die gäbe es nur in den hoch entwickelten Ländern), und dann wollte man sogar jedem neu entdeckten ein eigenes Feld zuordnen. Daraus wurden Hunderte. Schließlich konnte man diesen Wildwuchs ausforsten, und das heutige Standardmodell kommt mit einem Dutzend Spin* $\frac{1}{2}$ *Feldern und etwa gleich vielen Spin 1 Feldern aus. Das klingt zunächst nur wie Etikettenschwindel, aber zusammen mit der Quantenmechanik hat der Feldbegriff eine neue Sicht der Materie gebracht: Jeder Materie liegen Felder zugrunde, welche den ganzen Raum gleichmäßig ausfüllen. Die Teilchen sind nur lokale Anregungen des Feldes, Materie wird zur Verschmutzung des perfekten Zustandes degradiert. Dadurch werden auch manche Paradoxien der Quantentheorie gemildert. Ein isoliertes Materieteilchen gibt es eben nicht, es ist immer nur Teil eines Größeren.*

Gabriel: Trägt der Raum die Felder, oder ist es umgekehrt, spannen sie den Raum auf?

Uriel: Beides ist der Fall, es erfolgt ein stetes Nehmen und Geben.

Gabriel: Doch was muss ich sehen? Jetzt rollen sich viele Richtungen zusammen, und das alles wird ein sehr enges, langes Röhrchen, das nur einige Plancklängen weit ist (3).

3 *Für Max Planck (1858–1947) waren die damals üblichen Einheiten von Länge, Masse und Zeit, Zentimeter, Gramm und Sekunde reiner Provinzialismus. Bezogen sie sich doch auf Eigenschaften der Erde, kosmisch gesehen etwas rein Zufälliges, Unwesentliches. Als er sein Wirkungsquantum gefunden hatte, hatte er zusammen mit der Lichtgeschwindigkeit und der Gravitationskonstante drei Größen, denen er eine fundamentale Rolle im Naturgeschehen zubilligte. Also suchte er nach einem Maßsystem, in dem diese Konstanten den Wert 1 hatten. So kam er auf die so genannten Planckeinheiten, das sind etwa* 10^{-33} *cm,* 10^{-8} *kg und* 10^{-43} *s. Von den Praktikern bekam er nicht viel Lob, das war ihnen doch etwas unhandlich. Aber die heutigen Kosmologen, die mit Gravitation pur arbeiten, haben keine anderen Konstanten und kommen notgedrungen immer auf diese Größen zurück. Es sind dies die Längen und Zeiten, die beim Urknall relevant waren, weit jenseits der menschlichen Vorstellungskraft. Auch beim Gravitations-Zusammenbruch des Raumes sollte die Quantentheorie das bei der Plancklänge stoppen, so wie sie den Fall des Elektrons in den Atomkern beim Bohrradius aufhält.*

Uriel: Das passiert deswegen, weil in den Feldern eine despotische Kraft schlummert. Sie heißt Gravitation und will alles zum Einstürzen bringen.

Gabriel: Und die Felder reißen dann den Raum mit. Der

Durchmesser des Gebildes ist so winzig, ja gar nicht mehr zu sehen – er schaut jetzt so aus, als hätte er nur die 4 übrig gebliebenen Dimensionen.

Uriel: Doch auch von diesen 4 Dimensionen verhält sich eine so sonderbar, dass man da gar nicht mehr in beliebige Richtungen gehen kann.

Gabriel: Irgendwie reagieren die Felder auf diese Richtung ganz anders als auf die übrigen.

Uriel: Ja, diese Richtung hat sich von den anderen so entfremdet, dass sie scheinbar nichts mehr mit ihnen zu tun hat. Sie wird als Zeit ihr eigenes Wesen zeigen (4). Nur in einem Land der Illusionen, in dem man aus –1 die Wurzel ziehen kann, kann man sie wieder gleichwertig zusammenfügen.

4 *Die Zeit hat viele Gesichter und Attribute: Psychologisch, biologisch, kosmisch, subjektiv, objektiv ... Es war der visionären Kraft Newtons vorbehalten, aus diesem Wust einen wissenschaftlich brauchbaren Begriff herauszudestillieren: Die absolute physikalische Zeit, die die Himmelsmechanik regelt. Damit kam man zwei Jahrhunderte aus, dann musste Einstein eine Korrektur vornehmen: Das Absolute ist eine Kombination aus Raum und Zeit. Eine absolute Aussage ist etwa, dass sich zwei Raum-Zeit-Punkte durch einen Lichtstrahl verbinden lassen. Da sich das Licht so schnell ausbreitet (300000 km/s), spielte der Unterschied zwischen Einstein und Newton früher kaum eine Rolle, doch durch die unglaubliche Präzision der Atomuhren wird heute die Differenz gewaltig.*

Gabriel: Das ist wirklich ein ausgeklügeltes System, das sich Gott für diese Welt hat einfallen lassen.

Uriel: Da hast du allerdings recht. Aber weißt du, was ich mich schon die ganze Zeit über frage? – Ob die Menschen diese Werke zu ergründen vermögen. Ob sie später einmal die Naturgesetze enträtseln und die Welt völlig durchschauen werden. Ob sie draufkommen, dass die Bühne der Welt aus drei räumlichen und einer zeitlichen Dimension besteht und die restlichen Dimensionen aufgerollt sind. Und ob sie erkennen, dass all diese Dimensionen nur die Manifestation von ein und demselben sind, die bei uns nur scheinbar nicht gleichwertig wirken, aber aus einem gemeinsamen Grund gewachsen sind.

Gabriel: Auf keinen Fall werden die Menschen die Struktur der Welt durchschauen! Es bestünde ja dann die Gefahr, dass die Menschen bei der Enträtselung des Systems der Welt alles auf Naturgesetze zurückführen und glauben, dass es in Wirklichkeit keinen Gott gibt.

Uriel: Aber wer, glauben sie dann, hätte sie geschaffen?

Gabriel: Der Zufall.

Uriel: Den kenne ich nicht. Aber das muss schon ein ganz schön raffinierter Herr sein, wenn er sich so in die Gedanken der klügsten Leute einschleicht.

Gabriel: Das wird eine große Verwirrung ergeben, aber Gott wird schon andere finden, die das korrigieren.

Uriel: Aber stets wird es die Menschen danach verlangen, hinter die Geheimnisse von Raum und Zeit zu kommen (5). Und du musst schon zugeben, dass es wirklich intelligente und geniale Leute geben wird. Allen voran wäre für das Verständnis des Wesens des Raums Euklid zu nennen, dessen Gedanken über Geometrie Jahrtausende beherrschten. Vielleicht kann uns Michael etwas darüber erzählen, denn er überschaut die Geschicke aller Menschen am besten.

5 *Es wird immer diskutiert, ob Abstrakta wie Raum und Zeit Erfindungen oder Entdeckungen des Menschen sind. Haben sie eine Existenz ohne den Menschen, oder sind sie nur Hirngespinste? Vielleicht soll man sie als Kombination von beidem ansehen. Sicher spielt bei der Ausformung der Begriffe unsere Art zu denken eine Rolle, andererseits wirkt der Raum in den entferntesten Winkeln des Universums und scheint nichts mit unserer Existenz zu tun zu haben.*

Michael: Ja, ich kann euch sagen, wie das Rätsel von Raum und Zeit Menschen mit den verschiedensten Schicksalen aus allen Ländern und Epochen herausfordern wird. Vor langer Zeit fiel mir ein Buch mit dem Titel „Zeitreisen zu den großen Denkern" in die Hände. Darin findet man, was in den Menschen brennt. Ich will drei Forscher, die sich um das Verständnis von Raum und Zeit sehr verdient gemacht haben, herausgreifen und ihr Schicksal skizzieren.

Es stimmt, dass zunächst **Euklid** das mathematische Wissen seiner Zeit sammelte, und zwar insbesondere die Eigenschaften räumlicher Gebilde. Seine Bücher wurden zweitausend Jahre lang von Studenten verwendet, was einen kaum einholbaren Rekord darstellt.

Gabriel: Aber in der Folge werden die Menschen über ein weiterführendes Problem, nämlich die Vereinigung von Raum und Zeit, im Dunkeln tappen. Betrachte nur einmal die Forschungen von Poincaré und Lorentz – die beiden waren ganz knapp an der Wahrheit dran, aber erst Einstein brachte sie schließlich strahlend zu Tage.

Uriel: Am besten hat Raum und Zeit dann Minkowski erfasst. Er hat diese beiden Begriffe so formalisiert, dass man die Raum-Zeit-Geometrie gut mit der Euklidischen vergleichen kann.

Michael: **Hermann Minkowski** ist wirklich eine interessante Persönlichkeit. Er folgt als nächster Wissenschaftler in unserer biographischen Reihe.

Sein Schicksal ist demjenigen von Einstein entgegengesetzt. Es beginnt als Erfolgsstory, denn er erreicht schon in jungem Alter hohe akademische Stellen, und seine Sicht der Speziellen Relativitätstheorie setzt sich durch. Hermann Minkowski ist prädestiniert dafür, mit Einstein das Gebäude der Allgemeinen Relativitätstheorie zu bauen, doch da setzt ein Blinddarmdurchbruch seinem Leben ein jähes Ende.

Uriel: Du musst also zugeben, dass die Menschen gewaltige Fortschritte bei ihrer Erforschung der Welt machen werden. Besonders interessant sind nun die Unterschiede der Euklidischen und der Minkowski-Geometrie.

Gabriel: Da werden die Menschen auch auf viele Weisen versuchen, Euklid zu verallgemeinern, und dann fällt sogar der Satz von Pythagoras.

Uriel: So kann man dies auch sehen. Jedenfalls wird Wilhelm Busch recht behalten, „denn auch hier wie überhaupt kommt es anders, als man glaubt".

Gabriel: Aber zurück zu unseren Geometrien. Ich kann die Unterschiede zwischen ihnen nur dann genau sehen, wenn ich eine mathematische Formalisierung wähle, die Descartes schon ca. 300 Jahre vor Minkowski entwickelt hat.

Michael: In diesem Zusammenhang möchte ich auch einige Bemerkungen über **René Descartes** machen, dessen Persönlichkeit einige Kontraste in sich vereint.

Er ist der Stolz der Franzosen, aber wollte dennoch nicht lange in Frankreich leben. Descartes ist ein Mensch von brennender Religiosität und wird dennoch vom wissenschaftlichen Atheismus auf die Fahne geheftet. Er übersteht als Soldat einen Winter im grässlichen 30-jährigen Krieg, aber überlebt nicht die Wissensgier seiner Gönnerin, der Königin Christine von Schweden. Sein für einen Gelehrten ungewöhnliches Schicksal will ich auch in unserer biographischen Sammlung noch etwas ausführlicher schildern.

Gabriel: Und was ist nun Descartes' wichtige Leistung?

Michael: In unserer Sprache könnten wir vielleicht sagen, dass er durch die Verbindung von Geometrie und Arithmetik das für die Mathematik grundlegende Kartesische Koordinatensystem entwickelt hat. Dadurch werden geometrische Vorstellungen zu Gleichungen präzisiert.

Uriel: Zusammenfassend zu diesen drei Persönlichkeiten möchte ich sagen, deren Beispiele zeigen, dass die Menschen, welche diese fruchtbaren Vorstellungen geschaffen haben, aus Fleisch und Blut waren und nicht eine weltfremde Kaste bildeten.

Michael: Aber sehen wir jetzt einmal, was wir von den Arbeiten dieser Herren über Raum und Zeit lernen können: In der Euklidischen Ebene sind jeder Ort und jede Richtung gleichberechtigt. Ich kann diese auf verschiedene Weisen durch ein Kartesisches Koordinatensystem wie auf einer Landkarte abbilden. Die einzige Bedingung ist, dass bei gleichem Maßstab der Abstand zwischen zwei Punkten gleich sein muss, ich kann sie also beliebig drehen. Im Minkowski-Raum hingegen kann man die Koordinatenachse nicht drehen, sondern zum Lichtstrahl hinbiegen. Es erscheint hier ein anderes absolutes Element – die Lichtstrahlen. Auch hier gibt es viele gleichberechtigte Koordinatensysteme – aber darüber, ob zwei Punkte durch Lichtstrahlen zu verbinden sind, kann keine Unstimmigkeit herrschen. Durch die von Descartes erarbeitete Schreibweise lässt sich dies folgendermaßen präzisieren.

Gabriel: Du willst doch nicht hier etwa Formeln schreiben?

Uriel: Noch dazu so in der Öffentlichkeit – hast du denn gar kein Schamgefühl?

Gabriel: Geh schön in dein stilles Kämmerlein, dort kannst du deine eleganten Gedanken aufschreiben – und füge sie dann am Ende des Spiels hinzu. Aber hier würdest du damit nur Schrecken, ja sogar Widerwillen erregen.

Michael: Nicht bei allen! Ich habe von einem Formelschreiber gehört, der so lange Formeln schreiben musste, dass er schließlich nur mehr in Formeln denken konnte. Die menschliche Sprache war ihm ein zu stumpfes Werkzeug geworden, und er konnte schließlich nur mehr via Formeln mit Seinesgleichen kommunizieren. Für solche Wesen wie ihn wäre ein „entformelter Einstein“ klarerweise ein Horror und ganz und gar unverständlich.

Gabriel: Aber diese stummen Rechner stellen nur einen winzigen Bruchteil der Menschheit dar. In der Öffentlichkeit muss man zuerst an die Formelmuffel denken.

Michael: Also gut, ich gebe mich geschlagen und führe meine „verformelten“ Gedanken am Schluss in meiner Studierstube an, damit ein Formelschreiber zumindest dort auf seine Kosten kommt und sich nicht ganz angewidert abwenden muss. Und die übrige Menschheit soll sich nicht verpflichtet fühlen,

die Studierstube zu betreten – sie soll sich nicht durch Formeln quälen müssen.
Aber setzen wir inzwischen doch unsere Überlegungen auf entformelter Basis fort!

Uriel: Schön, dass wir das nun auch geklärt haben. Ich möchte Folgendes zu bedenken geben: Es ist wahrlich sonderbar, dass Raum und Zeit so eine Schlüsselstellung in der Naturerkenntnis einnehmen werden. Denn diese beiden Begriffe sind nichts Fassbares, sondern ein Kleid der Erscheinungen, das nur aus Gedanken gesponnen ist. Und dennoch wird sich der menschliche Geist damit wappnen, um sich zum Herrn über die materielle Welt aufzuschwingen.

Michael: Letzteres wollen wir dahingestellt lassen, da gehört schon mehr dazu als ein bisschen Philosophieren.

Uriel: Die Vorstellung von einem 3-dimensionalen Raum zeugt also schon von der Abstraktionsfähigkeit des menschlichen Geistes (5). Etwas Fassbares, Materielles liefert diese Vorstellung ja nicht.

Gabriel: Das reine Nichts kann es auch nicht sein. Denn wäre der Zwischenraum zwischen den Sternen nichts als Nichts, wer sollte dann das Licht zwischen ihnen transportieren?

Michael: Diese rein geistige Natur des Raumes wird die Gelehrten durchaus wundern, und sie werden diesen mit einer Substanz – genannt Äther – auffüllen, damit wenigstens irgendetwas da ist.

Uriel: Da sind sie aber gewaltig auf dem Holzweg, denn keine materielle Substanz hätte die gewünschten Eigenschaften dafür. Zunächst müssen die Menschen einmal eingestehen, dass sie von der Materie falsche Vorstellungen haben. Die Teilchen, die sie sehen, sind nur lokale Anregungen der ihnen zu Grunde liegenden Quantenfelder. Nur so werden sie den Äther als Vakuum der Fundamentalfelder erkennen.

Gabriel: Vakuum heißt wohl, von allen Anregungen gesäubert.

Uriel: Ja, es ist so viel wie möglich weggeräumt, aber es bleibt doch sehr viel übrig. An jeder Stelle hat der Raum sogar den gesamten Bauplan des Universums gespeichert (6). Wenn man irgendwo im Raum genügend viel Energie investiert, kann man jedes beliebige Teilchen erzeugen, und daher müssen die Spielregeln zwischen den Teilchen irgendwie präsent sein.

6 *Dass schon der kleinste Teil des Feldes wie ein Gen den gesamten Bauplan gespeichert hat, ist eine der bedeutsamen Einsichten, welche die Quantenfeldtheorie geliefert hat. Die Vorstellung, dass alles mit allem irgendwie zusammenhängt, wurde schon vor zweitausend Jahren von den buddhistischen Philosophen geprägt, siehe das Buch „The Universe in A Single Atom" des Dalai Lama.*

Gabriel: Wir stehen schon wieder vor der Frage, wie weit der Raum eine von den Feldern eigene Identität besitzt.

Uriel: Der Phantasie oder sogar der Poesie sind da gar keine Grenzen gesetzt. Aber es wird ganz darauf ankommen, dass die Menschen die wesentlichen Eigenschaften des Raumes herausschälen und mathematisieren, um sie zu den Eckpfeilern ihrer Naturbeschreibung zu machen. Nur so können sie größere Fortschritte machen, ohne gleich alle feineren Mechanismen zu kennen, aus denen letztlich das ganze Gebäude der Naturgesetze besteht.

Michael: Doch lassen sich diese Gesetze nur dann erraten, wenn genügend Fakten vorliegen. Und diese kommen nur zustande, wenn Wissenschaft und Technologie einander antreiben. Etwa die drei Mathematiker, die wir kennen gelernt haben, konnten wohl ein geistiges Fundament legen und dann weiter an ihren Axiomen feilen. Aber alles, was im Kosmos geschieht, folgt daraus noch nicht und lässt sich nicht durch bloßes Nachdenken gewinnen.

Uriel: Dennoch werden sich diese zunächst vereinzelt züngelnden Geistesflammen schließlich zu einem Flächenbrand fügen, welcher die Menschen zu Herren über die Natur machen wird.

Gabriel: Bevor du ganz in deiner Schwelgerei über die Fortschritte der Menschen versinkst, schlage ich eine Wette vor: Ich bleibe bei meinem Standpunkt, dass die Menschen nicht die Struktur der Welt durchschauen werden – seit ihrem einfachen Anfang hat sie sich schon zu sehr verrunzelt. Da du natürlich dagegenhältst, werden wir erst in Zukunft sehen, wer recht gehabt hat.

Uriel: Gute Idee! Aber wir brauchen auch noch einen Wetteinsatz. Weißt du, was? – Der Verlierer muss sich von Gott die „Universalenzyklopädie der Welt" ausleihen und die Naturgesetze nachlesen sowie die Ursachen ergründen und zugeben, wieso er derartig falsch lag.

Gabriel: Einverstanden!

Epilog des 1. Akts

Uriel und Gabriel packt schließlich doch die Neugier, was Michael so in seiner Studierstube treibt. Sie rätseln, zu welchen Erkenntnissen er dort kommen wird.

Uriel: Ich will aber schon irgendwie genauer wissen, was Descartes mit seinem Koordinatensystem herumgeformelt hat.

Gabriel: Es handelt sich dabei um das, womit manche Leute

Papier seitenweise mit lauter x und y voll kleckern. Schauen wir doch in Michaels Studierstube, vielleicht werden wir dann schlauer.

Sie gehen hin und spähen durch das Schlüsselloch. Michael doziert vor einer Tafel.

Michael: Wie gesagt, wir wollen hier unsere geometrischen Vorstellungen mit Hilfe der von Descartes eingeführten Koordinaten formalisieren. Dabei wird ein Punkt der Ebene durch zwei Zahlen – die Koordinaten (x, y) – repräsentiert. Dieses Paar hat die anschauliche Bedeutung der Projektion auf zwei zueinander senkrechte Geraden, die so genannten Koordinatenachsen. Das sieht dann folgendermaßen aus:

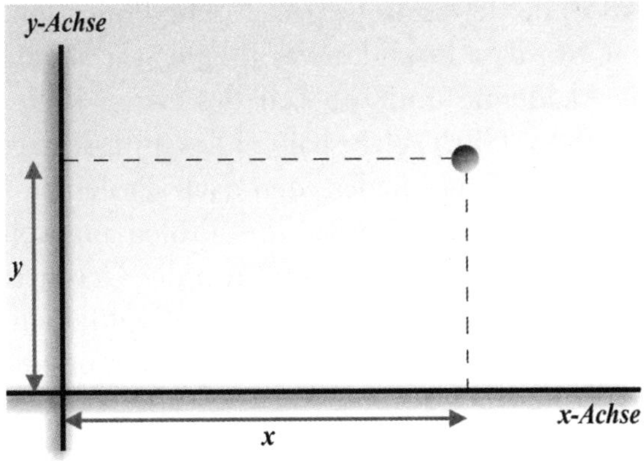

Im Kartesischen Koordinatensystem wird die Lage eines Punktes durch den Normalabstand (die (x, y)-Koordinaten) von den Achsen angegeben.

Vor der Tür geben Gabriel und Uriel nun ihren Kommentar zu Michaels wissenschaftlichem Diskurs ab.

Gabriel: Da steht uns ja noch einiges bevor.

Uriel: Also, ich finde, dass Michael das Wesentliche recht schön herausarbeitet. Ich bin schon neugierig, was uns in seiner Studierstube zum Schluss erwartet!

Kleine biographische Sammlung

Euklid

Über seinen Geburtsort gibt es zwei verschiedene Theorien. Von arabischen Schreibern wurde überliefert, dass er in Thyros (heute im Libanon) als Sohn eines Hafenaufsehers ca. 320 v. Chr. geboren worden sei. Die andere Theorie bezeichnet Megara als seinen Geburtsort. Dort lebte allerdings ca. 100 Jahre vor Euklid der Philosoph Euklid von Megara. Es ist daher nicht klar, ob es tatsächlich zwei gelehrte Männer mit dem Namen Euklid gab, obwohl dies ein durchaus gebräuchlicher Name dieser Zeit war.

Proklos (410–485), der letzte große griechische Philosoph, schrieb ca. 450 n. Chr., dass Euklid etwas jünger war als die Schüler in Platons Akademie und zur Zeit des ersten Ptolemaios (367 v. Chr.–283 v. Chr.) gelebt habe. Dies unterstützte er mit einer Aussage des Archimedes, der nach Ptolemaios lebte und Euklid in einem Dialog erwähnte. Ptolemaios soll Euklid nach einem kürzeren Weg zum Studium der Geometrie als durch das Werk „στοιχετα“ (Elemente) gefragt haben. Dieser antwortete aber, dass es auch für Könige keinen besonderen Zugang zur Geometrie gäbe.

Die **„Elemente“** des Euklid sind das älteste überlieferte wissenschaftliche Werk der Antike und stellen eine Zusammenfassung der Mathematik der damaligen Zeit dar. Euklid verwendete darin auch viele Erkenntnisse des Werks des Eudoxos von Knidos (ca. 400–ca. 347 v. Chr.). Später waren die „Elemente“ das am meisten gedruckte Buch nach der Bibel und wurden bis in die Neuzeit als Lehrbuch verwendet.

Die bekanntesten lateinischen Übersetzer der Elemente waren Theon von Alexandria (335–405), Gerard von Cremona (1114–1187), Adelard von Bath (1090–1160), Campanus von Novara (1220–1296) und Bartolomeo Zamberti (um 1500).

Im Jahre 1673 wurde eine lateinische Ausgabe der ersten 6 Bücher dieses kostbaren Werkes in Amsterdam gedruckt.

Die Elemente sind in 13 Bücher gegliedert, wobei ein Buch einem Kapitel im heutigen Sinne entspricht und den Umfang einer Papyrusrolle hat.

Aus wenigen Axiomen wurde die gesamte „Euklidische Geometrie" aufgebaut.

Der Inhalt der Elemente umfasst folgende Bereiche:

Buch 1:	Axiomatischer Aufbau der ebenen Geometrie
Buch 2:	Operieren mit Vierecken und Dreiecken
Buch 3:	Kreislehre
Buch 4:	Konstruktion regelmäßiger 3-, 4-, 5-, 6-Ecke
Buch 5:	Proportionentheorie
Buch 6:	Ebene Geometrie-Proportionen
Buch 7–9:	Sätze über natürliche Zahlen
Buch 10:	Theorie über mit Zirkel und Lineal konstruierbare Größen
Buch 11:	Räumliche Geometrie
Buch 12:	Sätze über Volumina
Buch 13:	Konstruktion der regulären Polyeder

Außer der systematischen Darstellung der geometrischen Grundbegriffe enthalten die Elemente auch alles, was um ca. 300 v. Chr. über die Zahlentheorie bekannt war. So findet man darin auch den Beweis, dass es unendlich viele Primzahlen gibt. Dieser gehört wohl, wie der englische Mathematiker Godefrey Harold Hardy (1877–1947) gesagt hat, neben dem Beweis der Irrationalität von $\sqrt{2}$ zu den schönsten Beweisen der Mathematik. Außerdem ist der „Fundamentalsatz der Zahlentheorie" zum ersten Mal in den Elementen zu finden. Er lautet folgendermaßen: „Jede natürliche Zahl >1 ist entweder eine Primzahl oder kann bis auf die Reihenfolge auf eindeutige Weise als Produkt von Primzahlen geschrieben werden." Das Verfahren zur Bestimmung des größten gemeinsamen Teilers zweier Zahlen wurde im siebenten Buch der Elemente erstmals vorgestellt und ist seither unter dem Namen „Euklidischer Algorithmus“ bekannt.

Euklids Unsterblichkeit ist eng mit dem fünften seiner Postulate – dem **Parallelenaxiom** – verbunden, das im Laufe der Zeit abgewandelt wurde und auf folgende Weise wiedergegeben werden kann: „Ergeben sich beim Schnitt einer Geraden (g_1) mit zwei Geraden (g_2, g_3) zwei Winkel auf der gleichen Seite von g_1, die kleiner als zwei rechte Winkel sind, dann schneiden einander g_2 und g_3 bei Verlängerung auf jener Seite, auf der die Winkel liegen, deren Summe kleiner als die Summer zweier rechter Winkel ist.“

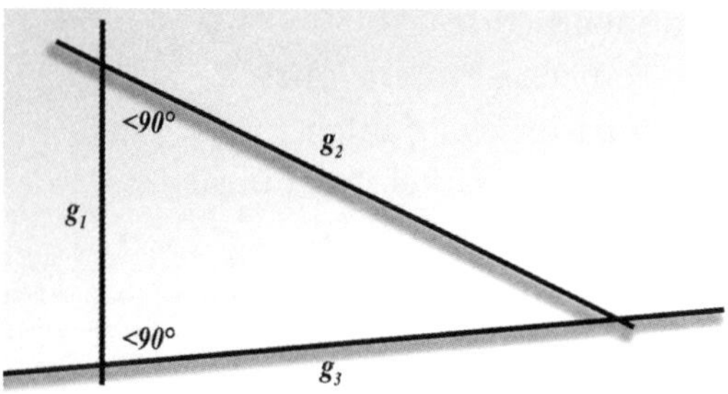

Eine Veranschaulichung des Parallelenaxioms

Im griechischen Originalwortlaut ist Euklids fünftes Postulat folgendermaßen formuliert:

Καὶ ἐὰν εἰς δύο εὐθείας εὐθεῖα ἐμπίπτουσα τὰς ἐντὸς καὶ ἐπὶ τὰ αὐτὰ μέρη γωνίας δύο ὀρθῶν ἐλάσσονας ποιῇ, ἐκβαλλομένας τὰς δύο εὐθείας ἐπ᾽ ἄπειρον συμπίπτειν, ἐφ᾽ ἃ μέρη εἰσὶν αἱ τῶν δύο ὀρθῶν ἐλάσσονες.

Auf Deutsch lautet diese Formulierung:

„Und wenn auf zwei Gerade eine Gerade gerät und die innerhalb sowie auf derselben Seite liegenden zwei Winkel geringer als rechte Winkel macht, fallen die zwei Geraden, hinausgeworfen ins Unendliche, auf der Seite zusammen, auf welcher sich die zwei geringeren als die geraden Winkel befinden.“

Dieses „Axiom“ galt bei den Griechen als verwirrend, zumal es eigentlich eine hinreichende Bedingung für Nichtparallelität ist. Auch Euklid selbst verwendete es nur selten. Bis zum Beginn des 19. Jahrhunderts beschäftigten sich viele Mathematiker kritisch mit Euklid und versuchten, das Parallelenaxiom zu beweisen und somit zu zeigen, dass es ein Satz, aber kein Axiom ist. Diese Beweisversuche bildeten den Ausgangspunkt für die Entwicklung einer nichteuklidischen Geometrie, die der polnische Mathematiker Nikolai Iwanowitsch Lobatschewski (1792–1856) und der Ungar Johann Bólyai (1802–1860) im 19. Jahrhundert unabhängig voneinander entwickelten. In dieser nichteuklidischen Geometrie gelten alle Axiome bis auf das Parallelenpostulat, Letzteres kann also keine Konsequenz der anderen sein. Dadurch wurde klar, warum die Versuche, das Parallelenpostulat zu beweisen, nicht zum Ziel führen konnten. Es wurde als nicht beweisbar erkannt, und somit als Axiom eingeführt. Eine lückenlose Axiomatik der Geometrie wurde schließlich erst 1899 von David Hilbert (1862–1943) geliefert.

René Descartes

Er wurde am 31. März 1596 in La Haye in Frankreich als viertes Kind einer kleinadeligen Familie geboren. Sein Vater war Gerichtsrat, die Mutter starb schon ein Jahr nach seiner Geburt. René verbrachte seine Kindheit bei einer Amme und seiner Großmutter. Mit acht Jahren kam er als Internatsschüler auf das Jesuitenkolleg von La Flèche, wo er eine hervorragende Ausbildung erhielt. Wegen seiner schlechten Gesundheit wurde Descartes die Erlaubnis erteilt, bis elf Uhr morgens im Bett zu bleiben – eine Gewohnheit, die er bis zu seinem Tode beibehielt.

Anschließend studierte er in Poitiers Jura und legte dort im Jahre 1616 ein juristisches Examen ab. Descartes stand auch einige Zeit lang im Kriegsdienst und lernte in Holland, Italien und Paris viele hervorragende Naturforscher kennen. Sein erstes naturwissenschaftliches Werk, „Musicae compendium", das im Jahre 1618 erschien, widmete er seinem Freund, dem Arzt und Naturforscher Isaac Beeckman (1588–1637), der ihn für die Physik begeisterte.

Angeblich hat Descartes auch an den Kämpfen des Dreißigjährigen Kriegs teilgenommen. In Prag besichtigte er auch die Arbeitsstätten von Tycho Brahe (1546–1601) und Johannes Kepler (1571–1630).

Im Jahre 1620 hatte Descartes in einer Nacht drei Träume, die ihn veranlassten, sein Leben nur noch der Philosophie – bzw. speziell seiner neuen Konzeption einer universell begründeten Wissenschaft – zu widmen. Über diese Träume und die daraus resultierende Vision berichtete im Jahre 1691 Adrien Baillet (1649–1706) in seiner ersten Descartes-Biographie. Nebenbei bemerkt geht eine zusammenhängende Beschreibung dieses Erlebnisses aus Descartes' eigenem Notizbuch – den „Olympica" –, von welchem aufgrund von Exzerpten des Gottfried Wilhelm Leibniz (1646–1716) Teile erhalten sind, nicht hervor.

Von 1620 bis 1628 reiste Descartes durch Europa. Er machte auch eine Pilgerfahrt nach Loretto, wo er der Jungfrau Maria für die „Vision" in den Träumen dankte. Er verbrachte ferner einige Zeit in Böhmen (1620), Ungarn (1621), Deutschland, Holland und Frankreich (1622–23).

Im Jahre 1625 ließ sich Descartes in Paris nieder und knüpfte Kontakte zu herausragenden Naturforschern. Er lernte unter anderem Marin Mersenne (1588–1648) kennen, mit dem er viele Jahre lang in wissenschaftlicher Verbindung blieb. In der Pariser Gesellschaft war Descartes sehr angesehen. Insbesondere beeindruckte er den Präsidenten des Staatsrats und einen Gegenspieler von Kardinal Richelieu, Kardinal Pierre de Bérulle, so sehr, dass dieser ihn zu einer Privataudienz einlud und ihn danach aufforderte, seine Theorien ausführlicher darzustellen sowie damit die Philosophie zu reformieren.

Im Jahre 1628 emigrierte Descartes nach Holland, wo er trotz des Kontakts zu verschiedensten Intellektuellen relativ zurückgezogen lebte. Oft wechselte er Wohnungen und Wohnorte. Intensiv korrespondierte er mit seinem Pariser Freund Mersenne, der als Einziger seine jeweilige Adresse kannte. Mit einer seiner Dienstmägde zeugte Descartes ein Kind – ein Mädchen, das mit fünf Jahren starb, was ihn sehr erschütterte.

Während seiner ersten Zeit in Holland arbeitete Descartes an einem Traktat zur Metaphysik, in dem er einen klaren und zwingenden Gottesbeweis zu führen hoffte. Er legte diesen jedoch zugunsten eines naturwissenschaftlichen Werks zur Seite, das im Gegensatz zu seinen bisherigen Texten nicht mehr in Latein, sondern in französischer Sprache verfasst werden sollte. Diesen „Traité du Monde" („Abhandlung über die Welt"), wie er heißen sollte, ließ Descartes jedoch unvollendet, als er vom Schicksal Galileo Galileis erfuhr, der 1633 von der Inquisition zum Widerruf seiner Theorien, welche die Forschungen von Kopernikus und Kepler bestätigten, gezwungen worden war.

Im Jahre 1637 publizierte Descartes in Leiden anonym seinen „Discours de la méthode pour bien conduire sa raison et chercher la vérité dans les sciences, plus la Dioptrique, les Météores et la Géométrie qui sont des essais de cette méthode" („Abhandlung über die Methode des richtigen Vernunftgebrauchs und der wissenschaftlichen Wahrheitsforschung"). Dieses populärwissenschaftliche Werk auf hohem Niveau, das auch Damen lesen können sollten, wurde Descartes' langfristig wirksamstes Buch. Nach Meinung vieler Franzosen hat es ihren Nationalcharakter im Sinne des „esprit cartésien" geprägt, d. h. einer auf Logik, Systematik und Ordnung bedachten analytischen und rationalen Intellektualität. Die Kernpunkte des Discours sind:

- eine **Erkenntnistheorie**, die nur das als richtig akzeptiert, was durch die eigene schrittweise Analyse und logische Reflexion als plausibel verifiziert ist;
- eine **Ethik**, gemäß der das Individuum sich im Sinne bewährter gesellschaftlicher Konventionen pflichtbewusst und moralisch zu verhalten hat;
- eine **Metaphysik**, die zwar (durch logischen Beweis) die Existenz eines vollkommenen Schöpfer-Gottes annimmt, aber kirchenartigen Institutionen wenig Raum lässt;
- eine **Physik**, welche die Natur als durch zwar gottgegebene, aber allgemein gültige Gesetze geregelt betrachtet (Wunder also ausschließt).

Descartes schrieb über eine universale Methode zur Erforschung der Wahrheit Folgendes: Ihm kam die Idee, dass es „eine Methode fortschreitenden Denkens" geben müsse und dass er berufen sei, sie zu finden, wobei er keine Erkenntnis akzeptieren dürfe außer der, die er in sich selbst oder dem „großen Buch der Welt" entdeckt und auf ihre Plausibilität und Logik hin überprüft habe.

Langfristig weniger wirksam, aber in Fachkreisen intensive Diskussion auslösend, waren Descartes' nächste Werke: die 1641 zunächst lateinisch gedruckten „Méditations sur la philosophie première, dans laquelle sont démontrées l'existence de Dieu et l'immortalité de l'âme" (so der Titel einer französischen Übersetzung von 1647; dt. „Meditationen über die Erste Philosophie, in der die Existenz Gottes und die Unsterblichkeit der Seele bewiesen wird") und die ebenfalls erst nachträglich ins Französische übersetzten „Principia philosophiae" („Grundlagen der Philosophie", 1644). Sie veranlassten Utrechter und Leidener Theologen zu einer derart aggressiven Polemik, dass Descartes im Jahre 1645 an einen Umzug nach England dachte und in den Folgejahren Holland mehrmals fluchtartig zu Reisen nach Frankreich verließ.

Seine Erfahrungen in dieser Lage waren vielleicht Anlass für seinen Traktat „Les passions de l'âme" („Die Leidenschaften der Seele", 1649), den er für seine eifrigste Briefpartnerin Elisabeth von Böhmen verfasste. Hierin behandelt Descartes nicht nur die direkten emotionalen Reflexe, wie z. B. Angst, sondern auch die spontanen Gefühlsregungen, z. B. Liebe oder Hass. Er interpretiert sie als nur allzu natürliche Ausflüsse der kreatürlichen Körperlichkeit des Menschen, verpflichtet diesen aber – als ein zugleich mit einer Seele begabtes Wesen – zu ihrer Kontrolle durch den Willen und zu ihrer Überwindung durch vernunftgelenkte Regungen, wie z. B. selbstlosen Verzicht oder großmütige Vergebung.

Descartes erlitt ein tragisches Ende. Im November 1649 folgte er einer Einladung der Königin Christine von Schweden, mit der er schon einen langjährigen Briefkontakt gepflegt hatte, nach Stockholm. Dort fand er jedoch die erhoffte Ruhe nicht recht, unter anderem deswegen, weil er morgens um fünf Uhr am königlichen Frühstückstisch erscheinen musste. Bereits auf dem Weg nach Schweden hatte er sich eine Erkältung zugezogen, sodass sein Aufenthalt am Königshof nur von kurzer Dauer war. Descartes erlag am 11. Februar 1650 einer Lungenentzündung. Es gibt aber auch Theorien, die besagen, dass Descartes mittels Arsen vergiftet wurde.

Sein berühmter Ausspruch „cogito, ergo sum" („ich denke, also bin ich"), der seiner Erkenntnistheorie zu Grunde liegt, ist heute bestens bekannt. Als Descartes' dauerhafteste geistige Leistung sieht man seine Entwicklung der analytischen Geometrie an. Die zukunftsweisende Bedeutung dieser Geometrie wurde von den Mathematikern, die mit Descartes in Kontakt standen, sehr schnell erkannt – so gab der niederländische Mathematiker Frans van Schooten (1615–1660) im Jahre 1649 eine lateinische Übersetzung von Descartes' Geometrie heraus und machte dieses Werk damit allgemein zugänglich.

Descartes benannte Parameter mit Groß- und Variable mit Kleinbuchstaben. Er bezeichnete gegebene Größen erstmals mit a, b, c, d, ... und variable Größen mit den letzten Buchstaben des Alphabets. Descartes deutete auch eine Klassifikation der Kurven an. Die einfachsten sind für ihn diejenigen, welche wie eine Gerade oder ein Kreis durch eine einzige Bewegung erzeugt werden können.

In Descartes' Geometrie wurde auch ein Schritt in die Richtung einer Theorie von Invarianten gesehen, und es wurde auf die Möglichkeit hingewiesen, mittels Algebra die typischen Probleme in der Geometrie erkennen zu können.

Hermann Minkowski

Er wurde am 22. Juni 1864 als zweiter Sohn des deutschen Kaufmanns Lewin Minkowski und seiner Frau Rachel (geb. Taubmann) in Alexoten in Russland geboren. Als Hermann acht Jahre alt war, kehrte seine Familie nach Deutschland zurück, und in Königsberg besuchte er das Altstädtische Gymnasium.

Schon während seiner Schulzeit beschäftigte er sich mit höherer Analysis und Zahlentheorie, er studierte auch die Arbeiten von Richard Dedekind (1831–1916), Johann Dirichlet (1805–1859) sowie Carl Friedrich Gauß (1777–1855) und verfasste selbstständig Arbeiten. Nach dem Abitur, das er mit 15 Jahren ablegte, begann er 1880 sein Mathematikstudium in Königsberg. Dort lernte er David Hilbert (1862–1943) kennen, mit dem er eine menschlich und fachlich bedeutsame Freundschaft schloss.

Im Jahre 1882 beendete Minkowski seine erste große Arbeit zur Arithmetik quadratischer Formen. Dieses Werk, in welchem er unter anderem die Zerlegbarkeit natürlicher Zahlen in eine Summe von fünf Quadraten untersuchte, reichte er bei der Pariser Akademie als Lösung einer Preisaufgabe ein. Obwohl es entgegen den Vorschriften in Deutsch abgefasst war, beeindruckte Minkowski damit die französischen Mathematiker und erhielt 1883 den „Grand Prix des Sciences Mathématiques".

Hilbert würdigte diese Arbeit in einer Gedächtnisrede: „[...] Dieses Thema griff der siebzehnjährige Student mit aller Energie an und löste die gestellte Aufgabe aufs glänzendste, indem er weit über das Preisthema hinaus die allgemeine Theorie der quadratischen Formen, insbesondere ihre Einteilung in Ordnungen und Geschlechter entwickelte."

Zwei Jahre später promovierte Minkowski an der Universität Königsberg, und im Jahre 1887 habilitierte er sich an der Universität in Bonn, wo er 1892 a. o. Professor wurde. Ab 1894 war Minkowski an der Universität Königsberg tätig, an der er 1895 ordentlicher Professor wurde. Ab 1896 war er ordentlicher Professor am Polytechnikum in Zürich, und Albert Einstein (1879–1955) zählte zu seinen Hörern. Durch das Studium eines berühmten Problems aus der Zahlentheorie erkannte Minkowski die Wichtigkeit konvexer Mengen. Er entwickelte auch eine erste Definition einer konvexen Menge und leistete wichtige Vorarbeiten für Hermann Weyls (1885–1955) Werke. In Leipzig erschien im Jahre 1896 Minkowskis Buch über die „Geometrie der Zahlen". Dieses Werk war das Ergebnis des Auftrags der Deutschen Mathematiker-Vereinigung, einen Bericht über die neuere Entwicklung der Zahlentheorie zu verfassen. Minkowski begründete damit durch die Anwendung geometrischer Methoden auf zahlentheoretische Probleme ein neues Gebiet der Mathematik.

Im Jahre 1902 übernahm er einen Lehrstuhl in Göttingen, den er bis zu seinem Tod bekleidete. Während dieser Zeit wurde er von Hilbert in mathematischer Physik unterwiesen, und später entstand seine naturwissenschaftlich sehr bedeutsame geometrische Deutung der Koordinaten der Speziellen Relativitätstheorie im vierdimensionalen Raum-Zeit-Kontinuum.

Im Jahre 1904 erläuterte Minkowski auf dem 3. Internationalen Mathematikerkongress in Heidelberg seinen „Gitterpunktsatz". Dieser lautet, dass ein zum Nullpunkt symmetrisches konvexes Gebiet vom Flächeninhalt vier außer dem Nullpunkt im Inneren oder auf dem Rand noch mindestens zwei weitere Punkte mit ganzen Koordinaten besitzt. Als Minkowski 1905 von Einsteins bahnbrechender Arbeit zur Speziellen Relativitätstheorie erfuhr, wollte er zunächst gar nicht glauben, was sein unauffälliger Student Einstein da entdeckt hatte. So soll er zu seinem Assistenten Max Born (1882–1970) gemeint haben: „Ach, der Einstein? Der schwänzte doch immer die Vorlesungen – dem hätte ich das gar nicht zugetraut."

Minkowski erkannte um 1907, dass die Arbeiten von Hendrik Antoon Lorentz (1853–1928) und Einstein in einem nicht euklidischen Raum verstanden werden können, und entwickelte den Minkowski-Raum. Dieser wird auch als Minkowski-Welt bezeichnet und ist ein vierdimensionaler Raum, in dem zu den drei Koordinaten des euklidischen Raums als vierte Koordinate die Zeit dazukommt. Der Abstandsbegriff wird aber so erweitert, dass der Abstand nicht nur positiv sein kann, sondern die Zeit negativ zu diesem beiträgt. Dies entzieht sich zwar unserem naiven Verständnis, aber so erhielt Einsteins Relativitätstheorie eine klare geometrische Grundlage, und Einstein entwickelte daraus seine Allgemeine Relativitätstheorie.

Am 21. September 1908 hielt Minkowski auf der Versammlung der Gesellschaft Deutscher Naturforscher und Ärzte in Köln einen Vortrag mit dem Titel „Raum und Zeit". In dieser bedeutenden Rede legte er die von ihm gefundenen mathematischen Grundlagen der Relativitätstheorie dar. In seinem Vortrag meinte Minkowski u. a. Folgendes: „Von Stund an sollen Raum für sich und Zeit für sich völlig zu Schatten herabsinken, und nur noch eine Art Union der beiden soll Selbständigkeit bewahren [...]". Die folgende Abbildung stellt den Zeitkegel (bzw. Lichtkegel) der Relativitätstheorie aus diesem Vortrag dar:

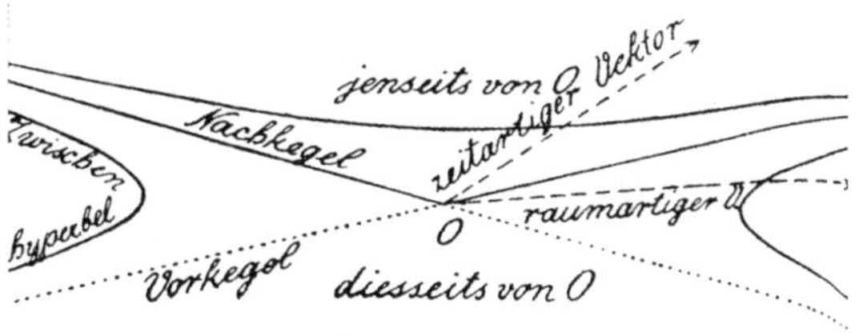

Der Zeit- bzw. Lichtkegel der Relativitätstheorie aus Minkowskis Kölner Vortrag. Diagramme wie dieses werden im Folgenden für unsere Darstellungsweise sehr wichtig sein.

Im Alter von 44 Jahren erlitt Minkowski einen Blinddarmdurchbruch und verstarb am 12. Januar 1909 in Göttingen.

Er wurde am Berliner Friedhof an der Heerstraße begraben. Auf seinem Grab befindet sich ein Quader aus Ton, auf welchem das Berliner Stadtwappen zu finden ist und somit diese Ruhestätte als Ehrengrab kennzeichnet. Sein Bruder Oskar (1858–1931), der Physiologe und Pathologe war, ist ebenfalls dort begraben.

Der Astrophysiker Rudolph Minkowski (1895–1976) war sein Neffe, und der theoretische Physiker Peter Minkowski, der in der Schweiz lebt, ist sein Großneffe. Bei den Minkowskis finden sich aber nicht nur Wissenschaftler, sondern auch Geistliche, und manche waren sogar beides. Einer von ihnen war der Rabbiner, welcher die erste hebräische Übersetzung der Werke von Euklid veröffentlichte. Dies zeigt die intellektuelle Potenz dieser Familie.

2. Akt

Euklidische Parabel zum Zwillingsparadoxon

Die Dorfbewohner beim Rätseln über den Begriff der Länge von Stäben

Gedankliche Schwierigkeiten der Relativitätstheorie können auch schon auf primitiverem Niveau auftreten – wie in der Gesellschaft von Dorfbewohnern, welche diese Probleme aber nach anfänglichen Schwierigkeiten meistern. Dem Leser, der bei der Relativität von Raum und Zeit begriffliche Probleme haben könnte, sei empfohlen, Einsteins Erkenntnisse später dann mit der entsprechenden Situation hier zu vergleichen, bei der es nur um räumliche Projektionen geht.

In einem entlegenen Dorf lebten brave Leute, doch hatte sich – abgesehen von Bildungslücken – bei ihnen auch noch durch Inzucht ein genetischer Defekt eingeschlichen. Sie konnten sich Längen im Raum nicht vorstellen, sondern nur deren Projektionen registrieren (1). Unsere Fähigkeit, das zweidimensionale Schattenbild zu einer dreidimensionalen Vorstellung auszubauen, funktionierte bei ihnen nicht. Auch hatten sie die Schrulle, dass jeder den längsten Stab haben müsse, und zu diesem Zweck hatten sie einen Längendetektor konstruiert. Dieser bestand aus einem senkrecht beleuchteten Bildschirm. Der zu messende Gegenstand wurde eingebracht und die Länge seines Schattens registriert.

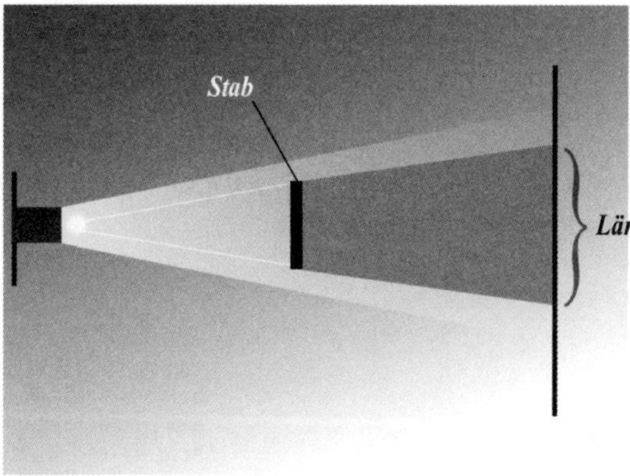

Der Stab wird vom Detektor beleuchtet und wirft an der Wand einen Schatten. Die Schattenlänge hängt vom Abstand des Detektors und der tatsächlichen Länge und Lage des Stabes ab, wobei sich der Schirm immer in einer zum Lichtstrahl senkrechten Position befindet.

1 *Die Frage, ob wir die „Wirklichkeit" sehen oder nur Projektionen davon, ist ein Dauerbrenner in der Philosophie. Prominent am Anfang steht das Höhlengleichnis von Platon. Nach dem wären wir wie Bewohner einer Höhle, die von der Umwelt nur Kunde durch den Schein hätten, der durch den Höhleneingang auf die gegenüberliegende Wand projiziert wird. Die Frage, ob wir aus allen Projektionen die „Wirklichkeit" rekonstruieren können, fand durch die Radon'sche Formel einen gewissen Abschluss. Der Wiener Mathematiker Johann Radon (1887–1956) hatte sich das Problem gestellt, ob man eine Dichteverteilung in drei Dimensionen aus ihrem Integral über Linien der verschiedensten Richtungen rekonstruieren kann. Er hat dies nicht nur bejaht, sondern gab für die Dichte eine explizite Formel an. Sie war durch Jahrzehnte in der Literatur begraben, niemand erkannte, dass dies ja gerade die zentrale Frage der Röntgen-Bildgebung löst. Erst 1962 programmierten Cormack und Hounsfield diese Formel in ihren Computer, um Röntgenbilder aus verschiedenen Richtungen zu einem dreidimensionalen Bild zusammenzufügen. Sie bekamen dafür den Nobelpreis, und die daraus entwickelte Computertomographie wurde eine der wichtigsten Stützen der Diagnostik.*

Aber das Streben nach der größten Schattenlänge führte zu folgenden Meinungsverschiedenheiten zwischen zwei Dorfbewohnern, die eigentlich gleich lange Stäbe hatten:

Staberl: Du gibst doch zu, dass mein Stab länger ist als dein Stock, das sieht man sofort am Bildschirm.

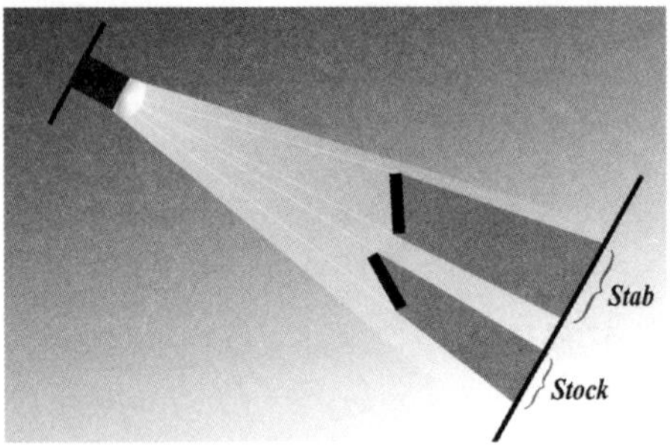

Staberls Stab liegt fast parallel zum Schirm und wirft somit einen deutlich längeren Schatten als Stockingers Stock, der fast normal zum Schirm liegt.

Stockinger: Das ist nur, weil du den Detektor schief hältst. Wenn man ihn richtig hält, ist ganz klar, dass mein Stock länger ist.

Nach der Drehung des Detektors samt Schirm ist die Situation umgekehrt: Der Stock liegt fast parallel zum Schirm und erscheint deutlich länger als der Stab.

Da niemand sagen konnte, wie man den Detektor nun richtig halten musste, konnten sich die beiden nicht einigen, ob der Stab oder der Stock länger wäre. Um dennoch auf einer Gesprächsbasis zu bleiben, einigten sich Staberl und Stockinger, dass die Länge nur ein relativer Begriff war. Dies rief in der Dorfgemeinschaft aber Empörung hervor – dadurch wurde ja die Grundlage ihrer auf der Stocklänge basierenden Hierarchie zerstört. Doch da kam jemand zu Hilfe, der Mathematik studiert hatte – nämlich Schlaumüller.

Schlaumüller: Sagt doch einfach, die Länge ist der längste Schatten, den man sieht, wenn man den Detektor dreht.

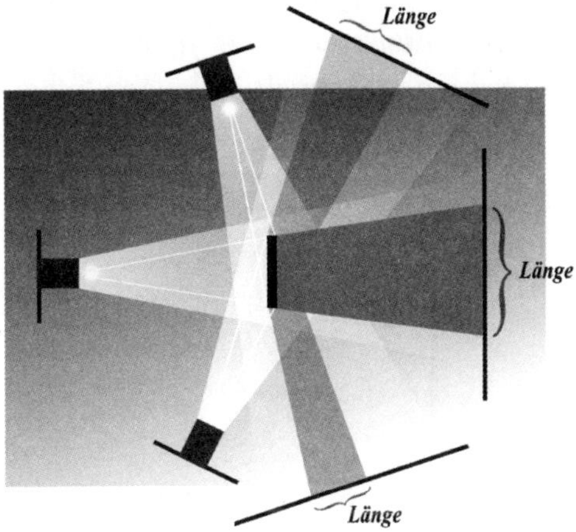

Der Stab wirft je nach Lage des Detektors verschieden lange Schatten.

Staberl: Das ist eine super Idee, da kann niemand am Detektor herumdrehen und dann was anderes behaupten.

Stockinger: Dann nennen wir den längsten Schatten bei der Detektordrehung die Eigenlänge. Sie hängt nur vom Stock selber ab, nicht von seiner Richtung.

Staberl: Also können wir endlich mit Sicherheit sagen, wer das längere Staberl hat.

Schlaumüller: Das hättet ihr aber schon längst machen können! Ihr hättet ja nur die Staberln nebeneinander legen müssen. Liegen die Staberln parallel und steht eines über das andere in dieser selben Richtung hinaus, dann tut es das in jeder Richtung – auch wenn man das Ganze dreht – und hat daher die größere Eigenlänge.

Legt man zwei Stäbe parallel nebeneinander, kann man ganz leicht erkennen, welcher Stab länger ist.

So wurde diese Relativitätstheorie zu einem logisch konsistenten System ausgebaut und ihre Verfechter rehabilitiert – aber sie sorgte noch für viele Debatten, wie sich zeigen wird.

Nämlich eines Tages kam die Katastrophe: Staberl hatte ein zweites Staberl geerbt, und er dachte, wenn er beide aneinander fügte, hätte er jetzt ein doppelt so langes Staberl. Aber das von ihm benützte Verbindungsstück war nicht gerade, und er war verzweifelt, als er keinen doppelt so langen Schatten bewundern konnte.

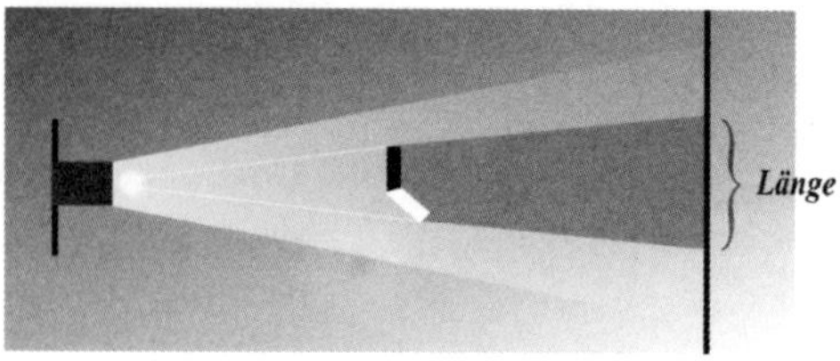

Die Schattenlänge zweier mit einem Knick zusammengefügter Stäbe ist kürzer als jene von zwei gerade aneinander gefügten Stäben.

Auch Stockinger hatte einen zweiten Stock gefunden, aber er fügte seine beiden Stöcke gerade zusammen – und so triumphierte er.

Stockinger: Das kannst du drehen, soviel du willst, dein Doppelstaberl wird nicht doppelt so lang, so wie mein Doppelstock.

Staberl: Das verstehe ich nicht, Schlaumüller hat uns doch gesagt, dass die Länge nicht von der Richtung abhängt, und da sollte ja dann ein Knick nichts machen.

Dieses Problem hat nun die Dorfbewohner sehr konsterniert und erhielt in ihren philosophischen Kreisen den Namen Knick-Paradoxon (2). Es haben sich endlose Diskussionen entsponnen – wie etwa, dass durch den Knick die Stöcke geschrumpft wären. Dem wurde jedoch entgegengehalten, dass derselbe Knick bei verschieden langen Stäben verschiedene Verkürzungen bewirkte. Doch eines Tages kam Schlaumüller in einer revolutionären Anwandlung zur entscheidenden Erkenntnis.

2 *Während es uns bei einer räumlichen Linie sofort klar ist, dass die Linie mit Knick länger ist als die gerade Verbindung ihrer Endpunkte, war es bei raum-zeitlichen Linien für viele unverständlich, wieso die verstrichene Zeit auf der Linie mit Knick (die Bahn entfernt sich und kehrt dann wieder zurück) verschieden sein soll von der auf der Geraden (die Bewegung ist von Anfang bis zum Ende gleichmäßig). Dazu kommt noch, dass wegen der Minkowski-Geometrie, die auf der Kurve mit Knick verstrichene Zeit kleiner ist als auf der Geraden. Den Gipfel der Verwirrung gewinnt die Frage in der Allgemeinen Relativitätstheorie, nach der alle Koordinaten gleichberechtigt sein sollen. Der Beschleunigung beim Knick entspräche nur eine kurze Schwerkraft. Aber wie sollte die eine universelle Verjüngung herbeiführen, sie sollte ja robuste Kerle weniger beeinflussen als Weichlinge? Die Antwort ist, dass es nicht auf die Kraft, sondern auf das Potential ankommt. Weil es so universell wirkt, spürt man es nicht. Es bewirkt aber eine allgemeine Zeitstreckung und ist bei längeren Reisen viel größer.*

Schlaumüller: Wir müssen das ganz anders machen, wir müssen den Stab unterteilen und die Längen der einzelnen Abschnitte addieren. Und dann teilen wir das weiter, bis das nicht mehr größer wird.

Stockinger: Das ist dann die richtige Eigenlänge, die ist was echt Absolutes.

Frau Staberl: Das taugt mir auch, denn wenn ich dann das Staberl verheize, muss ich es sowieso zerhacken, und dann ist es ja egal, ob das einen Knick gehabt hat oder nicht.

Die Dorfbewohner erkannten hier also etwas, was von der zufälligen Richtung der Längendetektoren unabhängig war.

So etablierte sich die Denkweise, dass es etwas Abstraktes mit drei Richtungen gab (Oben–Unten, Vorne–Hinten und Links–Rechts). Sie nannten es den Raum. Aber welche Eigenheiten hatte dieses gespenstische Etwas? – Staberl meinte zu dieser Frage Folgendes:

Staberl: Aber Oben–Unten ist doch was Absolutes, denn jeder spürt das gleich, und da kann niemand dagegenreden.

Tatsächlich konnte niemand etwas dagegen einwenden, und die Leute lebten friedlich in ihrem Dorf – in der Gewissheit, dass überall die Richtung zum Himmel ausgezeichnet war. Doch eines Tages kehrte ein reiselustiger Bewohner mit dem Namen Polyglottilus von seiner Weltreise zurück und wurde freundlich empfangen. Und da entspann sich schon wieder eine Diskussion.

Polyglottilus: Hallo, da bin ich wieder!

Staberl: Grüß dich! Schön, dass du wieder da bist. Wo warst du denn überall? Hat dir deine Reise gefallen?

Polyglottilus packte seinen Globus aus, den er auf der Reise erworben hatte, und zeigte Staberl die Orte, die er besucht hatte.

Polyglottilus: Ich hab sehr viel gesehen auf meiner Reise um den gesamten Globus. Es war wirklich toll.

Staberl: Aber jetzt musst du mir helfen: Wie geht denn das, bitte, dass du um die ganze Weltkugel gereist bist (3)? Wenn die Erde wirklich rund ist, dann müssten die Leute und auch du bei deiner Reise ab dem Äquator runterrutschen ins Nichts.

3 Die Vorstellung eines absoluten Oben (bzw. Unten), damit die Gase (bzw. festen Stoffe) wüssten, wo sie hingehören, war ein schweres Erbe der griechischen Philosophie. Ohne Theorie der Schwerkraft scheint dieses offensichtliche Faktum mit der Kugelgestalt der Erde unverträglich. Doch da der Erdradius riesig groß ist, wird das Problem erst durch die Raumfahrt so offensichtlich. Sieht man vom All die Erde als Kugel im Raum schweben, verschwindet ein ausgezeichnetes Oben–Unten.

Frau Staberl: Da hat mein lieber Mann recht, das versteh ich auch nicht.

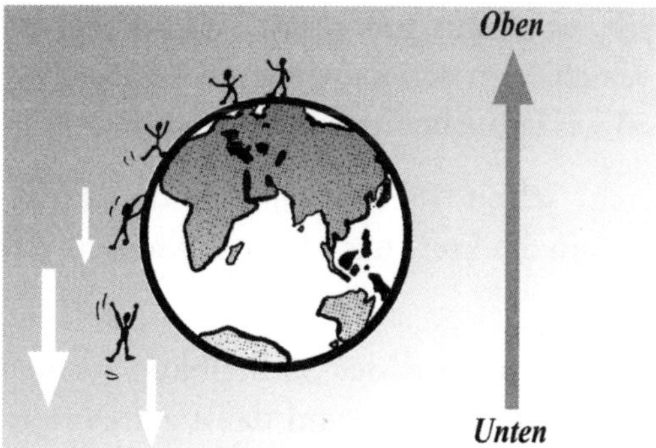

Würde es die Gravitationskraft nicht geben, müssten die Menschen von der Erde herunterfallen!

Und Polyglottilus selbst war bei dieser Frage ratlos. So weit war er gereist und hatte sich niemals diese Frage gestellt.

Stockinger: Vielleicht ist ja die Erde gar nicht rund.

Polyglottilus: Das kann auf keinen Fall sein! Schau dir doch meinen Globus an. Wenn ich hier abgereist und nach einer Runde um den Erdball wieder am gleichen Ort angekommen bin, dann gibt es keine andere Möglichkeit, als dass die Erde rund sein muss. Aber wieso ich nicht vom Äquator runtergerutscht bin, kann ich dir auch nicht sagen.

Stockinger: Vielleicht sind in Wirklichkeit drei verschiedene Richtungen gleichberechtigt und uns scheint nur, dass „nach oben“ etwas Besonderes ist.

Staberl: Das glaub ich nicht. Oben–Unten ist doch ganz anders als Vorne–Hinten.

Stockinger: Das ist nur, weil uns die Erde zu ihrem Mittelpunkt anzieht. Es kann so was Wichtiges wie das Oben–Unten auch nur was Relatives sein. Wenn es überall im Kosmos dasselbe Oben–Unten gäbe, hätte das der Polyglottilus merken müssen. Dann täten ja die Südländer ganz schief stehen, und ab dem Äquator würde man hinunterfallen, wenn es das überall gäbe. Weit weg im Weltraum kann es kein Oben und Unten geben.

Staberl: Also, das heißt, es schaut nur so aus, als wär da im Raum eine Richtung verschieden von den anderen – hätten wir nicht die Erde, könnten wir ja nie herausfinden, wo Oben ist.

Stockinger: In der Nacht schon, da sehen ja alle den Polarstern, und wir erlassen ein Dekret, das alle verpflichtet, das Oben zu nennen.

Staberl: Das wird nicht gehen. Auf der Südhalbkugel sehen die Leute ja keinen Polarstern, und sie sind dann ganz orientierungslos.

Stockinger: Wahrscheinlich gibt's in der Welt drei gleichberechtigte Richtungen, und alles andere kommt nur von den Umständen, unter denen wir leben müssen.

Staberl: Aber irgendwie muss es auf der Welt doch Oben und Unten geben, ich spüre das ja mein ganzes Leben lang. Außerdem muss doch der Herrgott den Weg in den Himmel für alle gleich vorgegeben haben.

Absolute Ratlosigkeit bezüglich dieser Frage hätte sich in der Folge unter den Dorfbewohnern ausgebreitet, wenn nicht wieder einmal Schlaumüller der Retter in der Not gewesen wäre.

Schlaumüller: Aber die Lösung ist doch ganz einfach! Denkt an das Problem mit der Länge, das wir bei unserem Detektor hatten. Da verlangten verschiedene Staberln ja auch einen verschieden gedrehten Detektor. Hier ist es genauso: Oben heißt senkrecht zur Erdoberfläche. Aber das hängt davon ab, wo wir gerade sind. Für die anderen Leute heißt aber Oben senkrecht zur Erdoberfläche dort, wo sie sind – auch wenn das von uns aus gesehen nach Unten aussieht, falls sie unterhalb des Äquators leben. Das theologische Argument greift nicht, denn es geht von einer zu menschlichen Gottesvorstellung aus. Dass Leute, die woanders leben, ein anderes Oben–Unten haben, macht doch gar nichts, es gibt keinen vernünftigen Grund für das Dogma der wahren Senkrechten.

Frau Staberl: Also können wir ruhig auf Weltreise gehen, ohne uns Sorgen zu machen, von der Erde runterzufallen.

Epilog des 2. Akts

Nach Jahren hob sich in dem Dorf das intellektuelle Niveau so, dass die Bewohner Einstein studierten. Als dann die Eigenzeit definiert wurde, waren sie wohl vorbereitet.

Schlaumüller: Ich hab das ja schon immer gesagt – man muss die Weltlinie unterteilen, die Zeitdifferenzen separat optimieren und dann addieren.

Stockinger: Das gibt schließlich doch was Absolutes und ist die Zeit, wie wir sie vergehen spüren.

Frau Staberl: Und das ist dann das, wonach wir eigentlich Geburtstage feiern sollten.

Zwischenspiel

Die Erzengel haben mit Interesse die Bestrebungen und Erkenntnisse der Dorfbewohner mitverfolgt und können sich einiger Kommentare dazu nicht enthalten.

Uriel: Das ist ein gutes Zeugnis für den menschlichen Geist, dass sich so schlichte Leute zur Erkenntnis durchringen, dass der Raum drei Dimensionen hat.

Gabriel: Noch dazu, wo man zunächst nur zwei Dimensionen sieht – und also immer eine fehlt.

Uriel: Anfangs haben die Dimensionen auch verschiedene Bedeutungen, und es gehört einige Einsicht dazu, um zu durchschauen, dass die Unterschiede nicht wesentlich sind, sondern im Grunde sind alle gleichberechtigt.

Michael: Gleiches gilt auch, wenn man einen Begriff wie die Länge eines Stabes formen will. Zuerst stellt dieser ein Abstraktum dar, das man nicht direkt sehen kann.

Gabriel: Ich habe nur Angst, dass dieser Erfolg die Menschen dazu verführen könnte, dies immer weiter zu verallgemeinern, und so alles mögliche Zeug hinzuzufügen, alleine deswegen, weil es sich durch Zahlen ausdrücken lässt. Zum Schluss will noch jemand seinen Blutdruck als neue Dimension deklarieren.

Michael: Das ist Unsinn, eine Dimension muss natürlich etwas sein, was für alle Menschen gleich ist.

Uriel: Dann würden sich die Farbzusammensetzungen qualifizieren, denn ich habe irgendwo gelesen, dass diese sich in ein Dreieck einfügen lassen.

Gabriel: Das ist auch eine falsche Fährte, es muss schon etwas sein, was in den fundamentalen Naturgesetzen vorkommt.

Dort wird zwar auch von Farben geredet, aber diese haben mit den Farben des täglichen Lebens nichts zu tun.

Uriel: Dann bleibt nur mehr die Zeit übrig.

Gabriel: Aber die hat doch einen ganz anderen Charakter als der Raum. Im Raum kann man in jeder Richtung gehen – die Zeit hingegen entwickelt sich immer nur in einer Weise. Geisterfahrer gibt es da nicht. Die Zeit kann also nicht mit dem Raum gleichberechtigt sein.

Michael: Es wird eben eines Genies bedürfen, alle diese Gräben zu überspringen und zu sehen, wie Raum und Zeit doch zusammengehören. Aber warten wir einmal ab, wie sich die Erkenntnisse der Menschen weiterentwickeln.

3. Akt

Diskussionen in einem etwas intellektuelleren Milieu

Albert, Mileva und Michele

Das Genie Albert erörtert nun mit seinem treuen Freund Michele und seiner Frau Mileva diverse grundsätzliche Fragen zu Raum und Zeit.

Albert verbindet durch eine Symmetrie Raum und Zeit – Begriffe, die nach unserer Vorstellung nichts miteinander zu tun haben. Dadurch werden selbstverständliche Eigenschaften des Raumes auf die Zeit übertragen, für die uns jene seltsam erscheinen. Diese begrifflichen Schwierigkeiten bewältigt Albert am besten durch Raum-Zeit-Diagramme – Arithmetik ist unnötig.

Albert: Mir erscheint die empirische Evidenz, dass die Geschwindigkeit c des Lichts immer denselben Wert – nämlich 300000 km/s – hat, erdrückend (1).

1 *Einstein hat als Erster betont, dass das Licht in der Physik eine herrschende Rolle spielt. Auch seine Gedanken drehten sich stets um dieses Thema, von den tiefsten Geheimnissen bis zum skurrilsten Unsinn. So hat er einmal auf die Frage „Wer ist wichtiger, die Sonne oder der Mond?" geantwortet „Natürlich der Mond!". Begründet hat er dies so: Die Sonne scheint ja nur am Tag, und da ist es sowieso hell, und man braucht das Licht nicht. Der Mond hingegen scheint in der Nacht, da ist es finster und auch ein schwaches Licht ist willkommen!*

Michele: Wie soll das geschehen – wenn man dagegen anläuft, muss es doch schneller werden.

Albert: Wenn wir eine Theorie haben, die dieses Faktum enthält, dann muss sie uns auch sagen, wie das geschehen kann. Aber diskutieren wir einmal sorgsam die Konsequenzen dieser Annahme.

Michele: Du bist schon kühn, Albert, du spielst ein bisschen den lieben Gott und erklärst, dass nie etwas schneller als das Licht laufen kann.

Mileva: Albert lässt sich nie dreinreden.

Albert: Wer wagt, gewinnt.

Michele: Ich will dir nicht das Spiel verderben, aber damit nicht unnötige Streitereien entstehen, sollten wir uns über die Wortwahl einigen. Ich schlage vor, was an einem Ort x zur Zeit t geschieht, nennen wir **Event**. Als Synonym dafür kann auch Ereignis beziehungsweise Element des Minkowski-Raums stehen. Alle Events zusammen bilden den **Minkowski-Raum** M bzw. die Raumzeit, die Welt, also die Menge der Events. Das Paar (x, t) wird vielfach als Vektor bezeichnet, x und t als seine Raum- und Zeitkomponenten. Vektoren kann man **komponentenweise** addieren, etwa (x, t) = (x, 0) + (0, t). Jeder punktförmige Körper hat in M eine **Weltlinie** (x(t), t). x(t) ist der Ort, an dem sich der Körper zur Zeit t befindet. Events, die einem Beobachter zur gleichen Zeit bzw. am gleichen Ort erscheinen, nennt er **gleichzeitig** bzw. **gleichortig**. Auf einer Weltlinie gibt es keine gleichzeitigen Punkte – gleichortige kann es aber geben. Graphisch veranschaulichen wir M, indem wir in der Ebene x nach rechts und t nach oben eintragen:

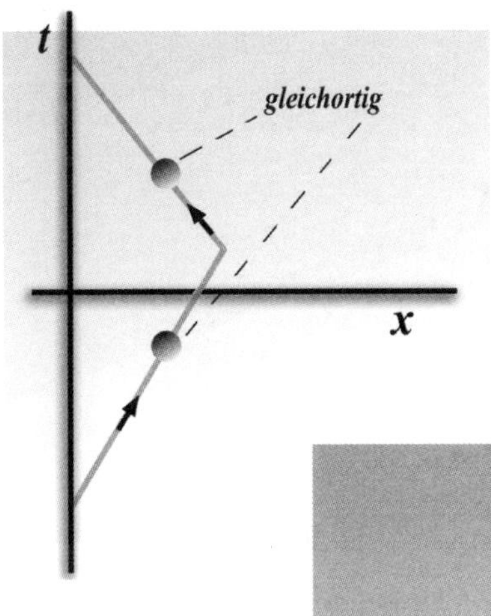

Der Körper dreht an einer bestimmten Stelle um und befindet sich somit zu zwei verschiedenen Zeitpunkten am gleichen Ort.

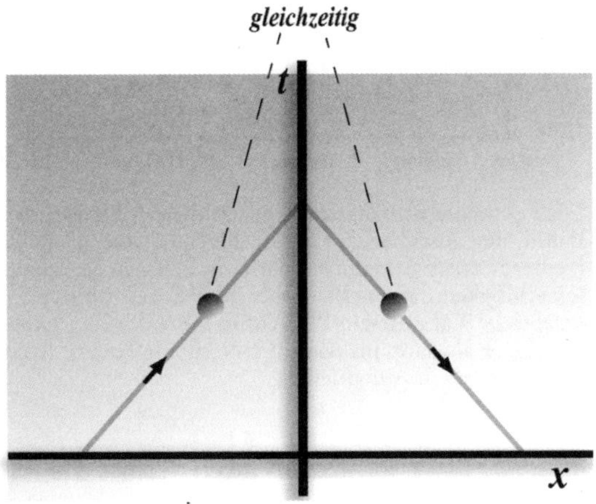

Der Körper dreht in der Zeit um und läuft sodann in der Zeit zurück. Er befindet sich also zur gleichen Zeit an zwei verschiedenen Orten, was nicht erlaubt ist.

Mileva: (2) Bravo, du schwingst dich ja auf, alles mathematisch zu präzisieren.

2 *Mileva Maric war eine Züricher Studentenliebe von Einstein, die er dann geheiratet hat und mit der er in Bern lebte. Sicher haben beide auch viel fachgesimpelt, ja, es geht sogar das Gerücht, die Spezielle Relativitätstheorie wäre großteils auf ihrem Mist gewachsen. Da keine diesbezüglichen Publikationen vorliegen, ist diese Aussage nicht überprüfbar.*

Michele: Aber jetzt ist es genug, keine Formeln mehr. Ich kann mir das x(t) besser vorstellen, wenn ich das aufgezeichnet sehe. Etwa wie sich ein Zug bewegt oder nicht, und wie er sich verspätet, sehe ich direkt auf einem **graphischen Fahrplan**: Hier soll x(t) die Stelle im Zug sein, an welcher der Lokomotivführer sitzt.

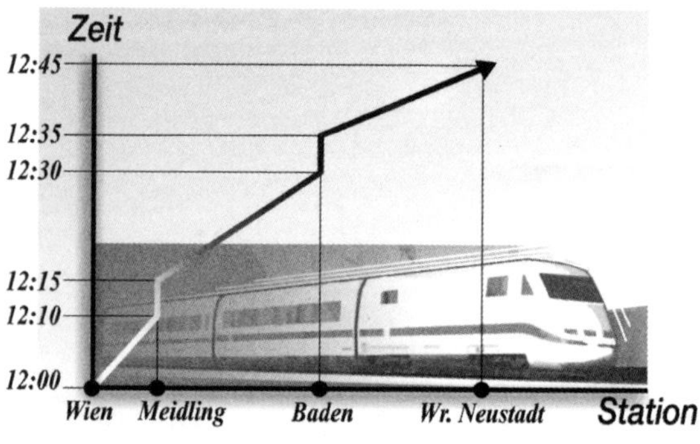

Die Fahrpläne von Zügen – wie auf diesem Diagramm – wurden früher auch in Bahnhöfen ausgehängt. Hier ist die Fahrt eines Zugs von Wien bis nach Wiener Neustadt unter Annahme einer zwischen den Stationen gleichförmigen Geschwindigkeit dargestellt, wobei die Fahrzeit ungefähr derjenigen eines Eilzugs entspricht. Laut diesem Diagramm fährt der Zug zwischen Wien und Meidling langsamer als dann bis nach Wr. Neustadt/Baden. In Meidling und Baden hat er je fünf Minuten Aufenthalt.

Mileva: Hier sieht man auch schön die Antwort auf die Frage: **Wie weit komme ich?**

Nehmen wir eine Maximalgeschwindigkeit von 120 km/h und eine Zeitskala an, bei der 1h so weit von 0 weg ist wie 120 km. Das Gebiet mit einem kleineren Winkel als 45° ist also nicht erreichbar, bestenfalls komme ich zu den schraffierten Events.

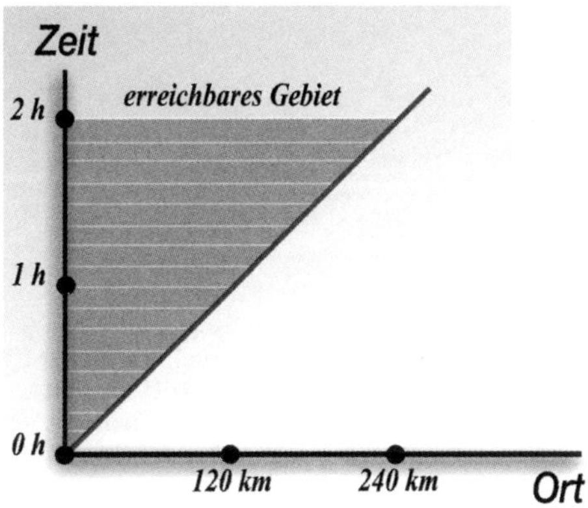

In diesem Diagramm kann man leicht erkennen, dass bei der Maximalgeschwindigkeit von 120 km/h nach einer Stunde nur Orte mit einer maximalen Entfernung von 120 km vom Ausgangsort erreicht werden können. Es ist also nicht möglich, Gebiete unterhalb der Geraden von 45° zu erreichen.

Albert: Das ist eine hübsche Darstellung, aber wodurch wird das Geschehen bestimmt?
Ich will einmal die Konsequenzen folgender zwei Postulate ergründen:

I) Die Lichtgeschwindigkeit stellt die Maximalgeschwindigkeit jedes Körpers dar.
II) In einem in irgendeiner Richtung fahrenden Zug lebt es sich wie im stehenden.

Postulat (II) bedeutet, dass das ruhende und das bewegte System gleichwertige Beschreibungen des Geschehens liefern und die Lichtgeschwindigkeit in beiden Systemen denselben Wert hat. Somit existiert eine 1:1 Korrespondenz zwischen den Koordinaten und dadurch auch zwischen den die Materie bestimmenden Gleichungen in den Systemen. Daher haben schließlich auch Uhren und Maßstäbe ihre Doppelgänger, und man kann mit ihnen Raum und Zeit gleichwertig ausmessen.

Michele: Um das alles zu verstehen, möchte ich die Bewegung wie vorher in so einem Raum-Zeit-Diagramm sehen. Natürlich müssen wir die Zeitskala so wählen, dass die Lichtgeschwindigkeit von annähernd 300000 km/s ins Blickfeld rückt. Am besten lassen wir die Lichtstrahlen 45° steil laufen, dann ist eine gewisse Symmetrie zwischen Raum und Zeit hergestellt.

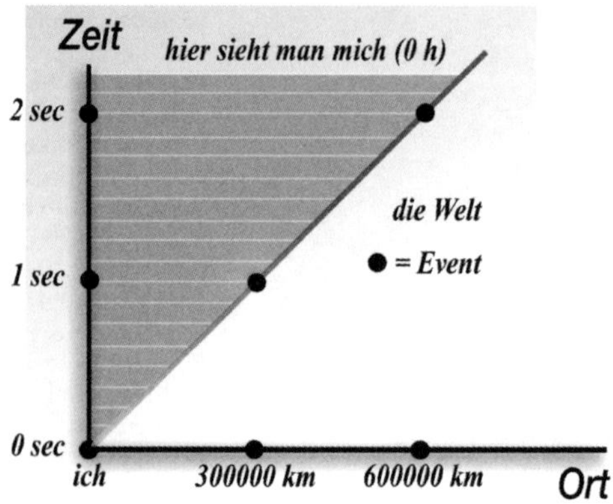

Da in einer Sekunde höchstens 300000 km zurückgelegt werden können, stellt das schraffierte Gebiet den erreichbaren Bereich dar.

Das schraffierte Gebiet kann durch Lichtsignale vom Ursprung direkt oder gespiegelt erreicht werden.
Aber um uns aus unserer graphischen Darstellung von Raum und Zeit etwas vorstellen zu können, müssen wir zuerst die Bedeutung der Achsen des Koordinatensystems klar erkennen.

Albert: Die Zeitachse sind wohl alle Events, die ein im Koordinatenursprung ruhender Beobachter durchläuft, also seine „Weltlinie". Auf der x-Achse befinden sich die Events, für die gerade die Stunde null schlägt.

Michele: Aber auf welcher Uhr? Wenn jemand von weit weg auf unseren Kirchturm schaut und null Uhr sieht, dann ist es ja schon später – nämlich um die Zeit, die das Licht braucht, um zu ihm zu kommen.

Albert: Das würde ich so korrigieren: Will ich etwa die Uhren am Anfang und am Ende eines Zugs synchronisieren, dann sende ich von der Mitte des Zugs Lichtsignale in beide Richtungen, und wenn ein Signal am Ende des Zugs ankommt, dann weiß man, dass es genauso spät ist wie das Event, bei dem der andere Lichtimpuls am Zuganfang ankommt.

Mileva: Das klingt ja vernünftig. Wo die Zugmitte ist, wird man sich schon einigen, insbesondere, wenn der Zug eine gerade Zahl identischer Wagen hat. In unserem Diagramm eines **stehenden Zugs** stellt sich das so dar:

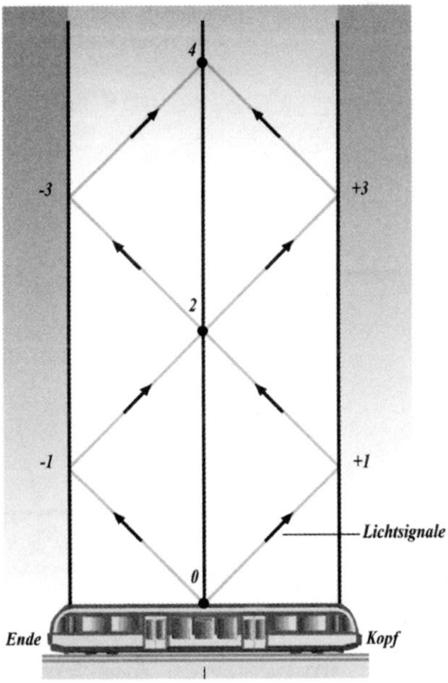

Die in der Zugmitte ausgesandten Lichtsignale werden an den Enden des stehenden Zugs reflektiert.

Michele: Die Sachlage ist klar: Von der Mitte eines stehenden Zugs sendet der Beobachter Lichtimpulse in beide Richtungen aus, die reflektiert werden.

Der Beobachter schließt somit:

1) Weil die Lichtimpulse in 2 wieder zugleich bei ihm eintreffen, ist er tatsächlich in der Mitte.
2) Daher sind die Events +1 und –1 (und damit +3 und –3) gleichzeitig.

Führt man das gleiche Experiment bei einem **fahrenden Zug** durch, zeigt sich, dass die gleichzeitigen Punkte nicht mehr auf Geraden parallel zur x-Achse liegen. Dieses Phänomen erscheint uns vielleicht etwas befremdlich, während wir es bei den gleichortigen Punkten als selbstverständlich ansehen.

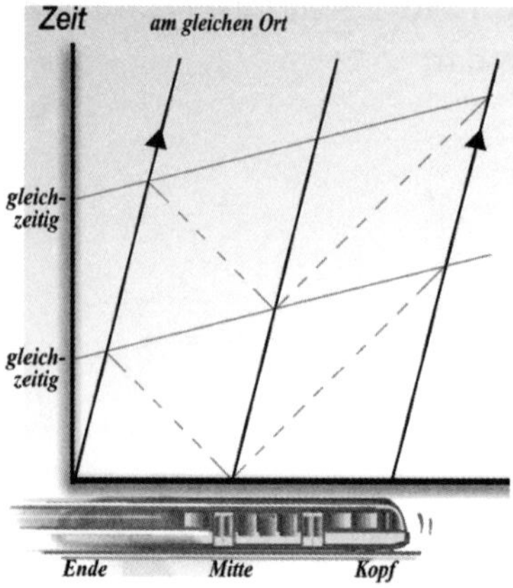

Die Reflexionspunkte der Lichtsignale von der Mitte eines fahrenden Zugs liegen nicht mehr auf einer parallelen Geraden zur Ortsachse, und so erreicht der Lichtimpuls das Zugende früher als den Zuganfang.

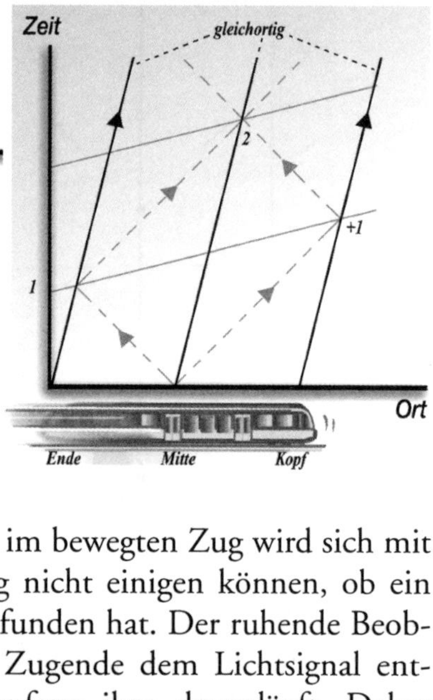

Albert: Das heißt, die Person im bewegten Zug wird sich mit jemandem im ruhenden Zug nicht einigen können, ob ein Event zur Stunde null stattgefunden hat. Der ruhende Beobachter wird sagen, dass das Zugende dem Lichtsignal entgegenkommt und der Zuganfang ihm davonläuft. Daher kommt es am Ende früher an als am Anfang.

Michele: Dann lassen wir allen die Freude ihrer eigenen Zeit. Soll jeder mit seiner Gleichzeitigkeit selig werden, es handelt sich ja nur um eine Konvention.

Albert: Aber wenn diese nicht festgelegt ist, kommt vieles ins

Rutschen. Bei gegeneinander bewegten Zügen etwa, kann es sein, dass jeder Mitfahrer seinen Zug für länger hält.

Mileva: Das klingt ja nach einem logischen Widerspruch.

Albert: Das ist es nicht. Was rechts und was links liegt, hängt ja auch davon ab, wie man gedreht ist – aber an diesen Widerspruch haben wir uns gewöhnt.

Michele: Rechts und links sind eben relative Begriffe, man müsste immer hinzufügen „von hier aus gesehen" – aber dass es die Gleichzeitigkeit nicht absolut geben soll, finde ich schon etwas traurig.

Albert: Ich würde nicht sagen „gibt es nicht", sondern „gibt es zu viel". Es gibt für jeden Beobachter, der eine andere Geschwindigkeit hat, eine andere Gleichzeitigkeit. Durch die Naturgesetze ist aber keine vor einer anderen ausgezeichnet. Vielleicht kommen wir einmal in Situationen, wo sie nicht existiert – in dem Sinne, dass sie nicht einmal definierbar ist; aber zunächst ist sie das schon (3).

3 *Kurt Gödel hat als Erster ein Universum konstruiert, in dem es geschlossene, zeitartige Weltlinien gibt, in dem man also in seine Vergangenheit zurückkehren kann. Das hat die Physiker schockiert, vor allem, dass da ein Logiker die Mathematik besser als sie beherrscht, die schwierigen Einstein'schen Gleichungen exakt löst und dann noch die revolutionären physikalischen Konsequenzen erkennt! In diesem Fall lässt sich dann auch keine überall gleich fortschreitende Zeit definieren.*

Michele: Man muss ja nicht gleich an das Schlimmste denken. Aber dass in der Natur nichts eine Gleichzeitigkeit festlegt, wird die Philosophen schon kränken.

Albert: Damit kann man leben. Für den Hausgebrauch genügt es, wenn wir unsere Uhren nach der Zeitansage im Radio stellen.

Michele: Aber existiert die Zeit jetzt wirklich?

Albert: Die Frage nach der Existenz immaterieller Dinge hat schon die klügsten Leute beschäftigt, und das Wort „wirklich" macht sie auch nicht klarer. Platon hat für Immaterielles ein Zuhause geschaffen, die Welt der Ideen. In unserer Welt existiert sie insoweit, als dass sie der wesentliche Parameter der Dynamik ist und so das Geschehen bestimmt.

Mileva: In weiteren Diagrammen können wir uns jetzt schön veranschaulichen, welche Begriffe lediglich eine relative Bedeutung haben, und etwa die Frage nach dem **Früher oder Später** bzw. dem **Davor oder Dahinter** betrachten.

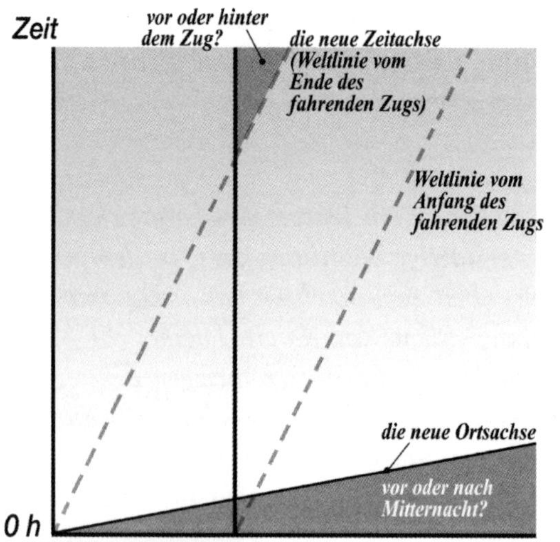

Dieses Diagramm illustriert die Quelle der Meinungsverschiedenheiten über die Begriffe „Früher" und „Später" sowie „Davor" und „Dahinter". Für den fahrenden Zug (strichliert) stellt der untere dunkelgraue Bereich die Zeit vor Mitternacht dar, und der obere dunkelgraue Bereich liegt hinter ihm. Beim stehenden Zug verhält es sich genau umgekehrt.

In diesem Diagramm stellen die strichlierten Geraden einen fahrenden Zug dar, die durchgehend gezeichneten hingegen

einen stehenden Zug. Bestimmt man nun die Koordinaten verschiedener Events im System des bewegten Zugs im Vergleich zu dem ruhenden, ergeben sich bemerkenswerte Unterschiede: Da bei dem fahrenden Zug die Orts- und Zeitachse (die „neuen" Achsen) einen kleineren Winkel einschließen, ist für diesen der untere dunkelgraue Bereich noch vor Mitternacht. Bei dem stehenden Zug hingegen schließen die beiden Achsen einen Winkel von 90° ein – also stellt das untere dunkelgraue Gebiet die Zeit nach Mitternacht dar.
Das gleiche Problem ergibt sich bei der Betrachtung der Bereiche vor beziehungsweise hinter den Zügen. Während für einen bewegten Zug der obere dunkelgraue Bereich schon hinter diesem liegt, befindet er sich für den ruhenden Zug davor. – Das ist ja ganz selbstverständlich.

Albert: **Größer oder kleiner**, das ist jetzt die Frage.

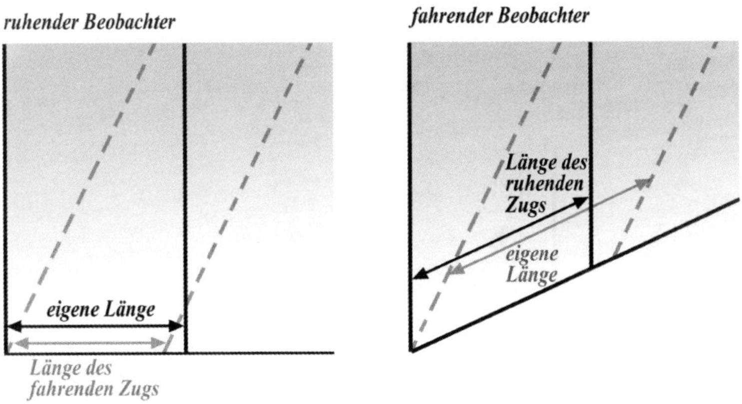

Was jeweils der ruhende und der mitbewegte Beobachter als Zuglänge interpretiert. Für den ruhenden Beobachter scheint die Länge des fahrenden Zugs kürzer als jene des stehenden Zugs zu sein. Aus der Sicht des fahrenden Beobachters ist es hingegen umgekehrt.

Wie im vorigen Diagramm das Problem „Davor oder Dahinter bzw. Vorher oder Nachher" behandelt wurde, kann man sich nun analog dazu die Frage nach der Größe stellen. Die durchgezeichneten Geraden stellen wieder den ruhenden Zug dar, wobei von diesem aus gesehen er selbst größer erscheint. Vom strichlierten, bewegten Zug aus sieht hingegen der stehende kleiner aus. Diese Missverständnisse kommen auf folgende Weise zustande: Wir verstehen unter der Größe den Abstand zwischen Anfang und Ende, wo sie sich zur selben Zeit befinden. Was aber dieselbe Zeit ist, darüber herrscht Uneinigkeit.

Michele: Aber ist jetzt der bewegte Zug wirklich kleiner? – Denn das alles hängt ja von der Gleichzeitigkeitskonvention ab.

Albert: Ich kann dieser Längendefinition doch einen absoluten Sinn geben, wenn zwei Züge in umgekehrte Richtungen fahren. Aus Symmetriegründen treffen sich ihre Köpfe und Enden zu gleicher Zeit, und der Abstand zwischen den Kreuzungspunkten ist dann tatsächlich geschrumpft.

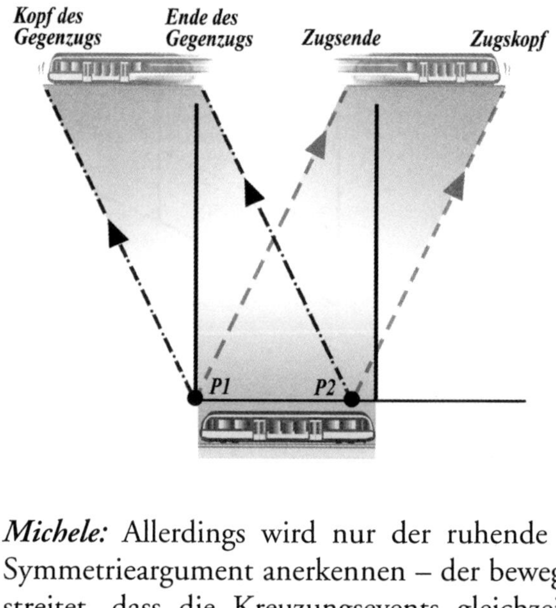

Zuganfang und Zugende von zwei gleich langen Zügen, die in entgegengesetzte Richtung fahren, treffen einander gleichzeitig.

Michele: Allerdings wird nur der ruhende Beobachter das Symmetrieargument anerkennen – der bewegte hingegen bestreitet, dass die Kreuzungsevents gleichzeitig waren. Die

Länge bleibt relativ, und man sollte diese Überlegungen daher Relativitätstheorie nennen.

Albert: Der Name „Relativitätstheorie" ist aber vielleicht ein bisschen unglücklich gewählt. Es geht nämlich eigentlich um das Absolute – „Lehre vom Absoluten" wäre daher etwas besser. Dies ist die Einteilung in Vergangenheit, Gegenwart und Zukunft. In der Philosophie haben die Worte **„absolut"** und **„relativ"** zwar einen etwas vagen, wenn nicht gar mystischen Beigeschmack, hier können wir sie hingegen ganz präzise definieren. Absolut ist, worüber sich alle Beobachter – unabhängig von ihrem Bewegungszustand – einig sind, relativ ist, wo das nicht der Fall ist.

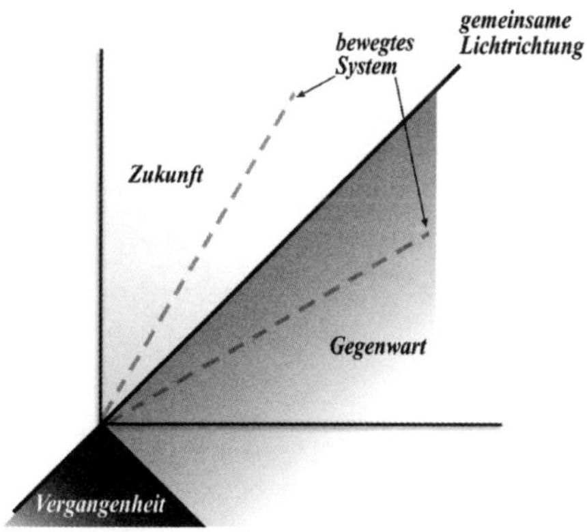

Das Absolute sind Zukunft, Gegenwart und Vergangenheit. Die zukünftigen Events stellen jene dar, die man erreichen kann, die vergangenen diejenigen, von denen man gekommen sein könnte, und der Rest ist die Gegenwart. Diese Einteilung ist absolut, da sie auf keinen Bewegungszustand Bezug nimmt.

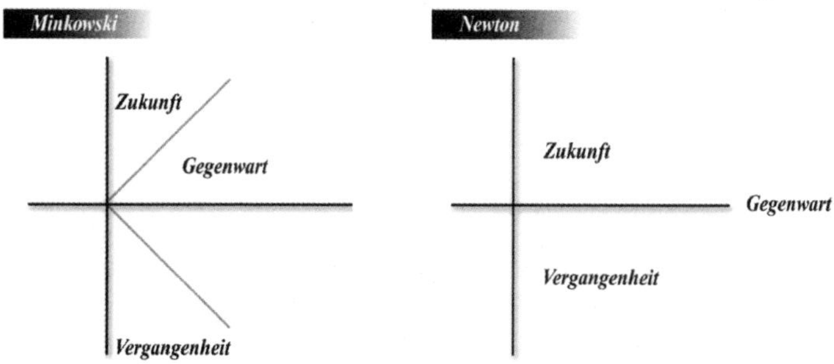

Der Bereich zwischen Zukunft und Vergangenheit wird als Gegenwart bezeichnet, und diese ist bei Minkowski viel ausgedehnter als in der Newton'schen Raum-Zeit.

Wie sieht jetzt der Zusammenhang zwischen den gemessenen Längen und Zeiten in den zwei Systemen allgemeiner aus?

Im bewegten System sei auf gleiche Weise wie im ruhenden ein Koordinatensystem errichtet. Aus Sparsamkeit verwenden wir für die Koordinaten die alten Buchstaben, aber zur Unterscheidung mit einem Strich: (x', t').

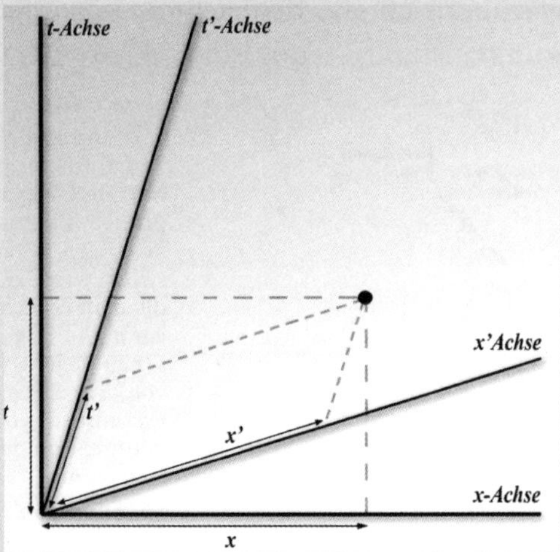

Hier sind die ruhenden und mitbewegten (bzw. alten und neuen) Koordinaten zu sehen. Es ist zu bedenken, dass bei den Werten der Koordinaten von (x', t') noch ein Skalenfaktor $\frac{1}{\sqrt{1 - v^2}}$ zu den ersichtlichen Werten hinzukommen wird.

Für den Zusammenhang zwischen den „alten" und den „neuen" Koordinaten hat Lorentz folgendes Gesetz gefunden:

$$(x', t') = \left(\frac{x - vt}{\sqrt{1 - v^2}}, \frac{t - vx}{\sqrt{1 - v^2}}\right).$$

Dieses bildet die Grundlage aller unserer Behauptungen. Der Übergang (x, t) => (x', t') heißt die Lorentztransformation.

Daraus sieht man die Invarianz des Lichtstrahls: Aus $x = t$ folgt auch $x' = t'$. Ja, ich sehe sogar $x^2 - t^2 = x'^2 - t'^2$.

Die Zeitdilatation bedeutet Folgendes: Ein bewegter Zeitgenosse mit $x = vt$ und daher $x' = 0$ hat $t' = t\sqrt{1 - v^2}$.

Das heißt, bis die Stunde $t' = 1$ schlägt, muss t schon auf $\frac{1}{\sqrt{1 - v^2}}$ gerückt sein. Insbesondere ein Teilchen, das nur eine Stunde lebt, überlebt $\frac{5}{3}$ Stunden, wenn es sich mit $\frac{4}{5}$ Lichtgeschwindigkeit bewegt. Es gewinnt also 40 Minuten an Lebenszeit. – Das muss alles aus den vorherigen Überlegungen folgen.

Albert: Was Lorentz kann, sollten wir auch noch zusammenbringen. Ich schlage aber vor, wir akzeptieren einmal diese Formel für die Lorentztransformation und versuchen, sie in einer Nachsitzung aus der Zeichnung abzuleiten (4).

4 *Einstein war kein Superrechner, und manche seiner Arbeiten enthalten numerische Fehler. Sie sind aber gänzlich belanglos, Einstein tröstete sich mit dem Ausspruch „Besser ungefähr richtig als genau falsch. Als er für die Allgemeine Relativitätstheorie auch Riemann'sche Geometrie studieren musste, hatte er schon gestöhnt. Einmal sagte er zu von Laue: „Max, du weißt ja, ich bin ein schlechter Mathematiker", und erhielt die Antwort „Ich weiß, aber du kannst es so gut verbergen."*

Michele: Irgendwie ist die Längenkontraktion doch paradox.

Sagen wir, du fährst mit deinem Mini-Porsche mit $\frac{4}{5}$ Lichtgeschwindigkeit, der Faktor $\sqrt{1 - v^2}$ wird dann wieder $\frac{3}{5}$. Also ist deine Ruhelänge von 3 m auf $\frac{3}{5} \cdot 3$ m = 1,8 m geschrumpft, und du solltest in meine 1,8 m große Garage hineinpassen. Und wenn du willst, kannst du dann drinnen bleiben.

Albert: Schauen wir uns auf einem Raum-Zeit-Diagramm an, was du von mir verlangst. Wir müssen dabei zwischen den verschiedenen Koordinaten sorgsam unterscheiden. Wenn du etwas über die Zeichnung nachdenkst, wirst du draufkommen, dass ich in meinem Porschesystem zuerst den Bug stoppen muss, aber mit dem Heck so lange weiterfahre, bis ich in deine Minigarage hineinpasse. Das ist für mich kein Paradoxon, sondern eine Zumutung, denn du willst, dass ich mein Auto zusammenstauche.

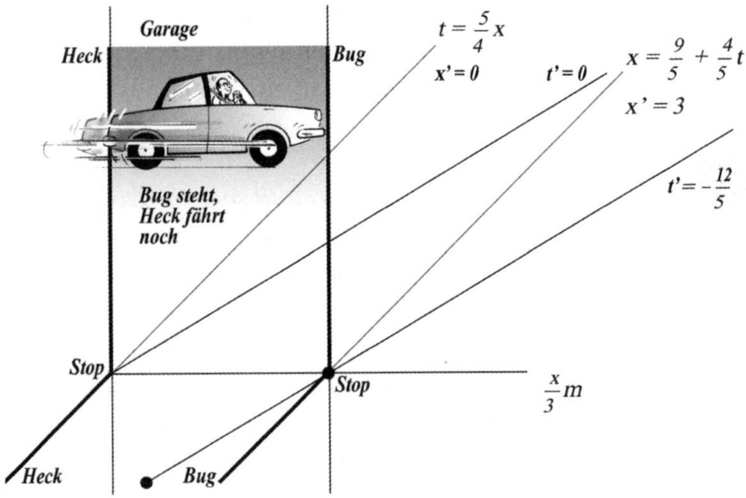

Die dickeren Linien sind die Weltlinien von Heck und Bug des fahrenden Autos.

Mileva: Also ist das Auto wirklich länger als die Garage.

Albert: Ja – es ist nicht alles relativ. Ob ein Maßstab länger ist als ein anderer, kann ich herausfinden, indem ich in einem Bezugssystem beide zur Ruhe bringe und nebeneinander hinlege. Überragt einer den anderen, so tut er dies auch in jedem dazu gleichmäßig bewegten Bezugssystem, und das Wort „wirklich" ist angebracht, denn alle müssen dies zugeben.

Michele: Du setzt natürlich voraus, dass die Lorentzkontraktion auf beide gleich wirkt.

Albert: Wenn Maßstäbe auf verschiedene Weise deformiert würden, könnte man die Geometrie gar nicht mit der Physik in Verbindung bringen.

Michele: Da siehst du, was du mit deiner Relativierung der Gleichzeitigkeit für eine Konfusion angestellt hast. Schauen wir uns noch einmal die Wurzel des Übels – die Lichtuhren – an, vielleicht können sich die Herren oder Damen doch irgendwie auf eine gemeinsame Zeit einigen.

Albert: Hier haben wir wieder das alte Lied: Wenn der ruhende Beobachter zusieht, was der bewegte macht, so wird er sofort sagen, dass dessen Uhr falsch gehen muss. Beim bewegten läuft der Lichtstrahl über längere Distanz, also geht seine Uhr nach.

Mileva: Jetzt geht die Streiterei schon wieder los, denn der bewegte Beobachter wird sagen, dass eigentlich er ruht und der andere für den längeren Lichtweg korrigieren müsse.

Albert: Nur, bis es ein Uhr ist, ist der Bewegte schon weit weg, und sie können nicht mehr streiten, ob es jetzt ein Uhr ist.

Michele: Eigentlich könnte es uns ganz egal sein, wie die Uhren im bewegten Zug gestellt werden, denn dieser fährt ja immer weiter, und wir treffen ihn nie mehr. Er soll mit seiner Stunde null selig werden.

Albert: Aber die Verlangsamung der Uhren gewinnt eine Realität, wenn er zurückfährt und man die Uhren dann vergleichen kann. Dann müsste es auf der hier gebliebenen Uhr schon viel später sein.

Michele: Das ist aber sehr sonderbar, wir haben uns ja geeinigt, ruhend oder bewegt macht keinen Unterschied – und jetzt auf einmal ist es bei einem später als bei dem anderen.

Albert: Der Hiergebliebene und der Zurückgekehrte sind eben doch nicht ganz gleichwertig – der eine bewegt sich immer gleichförmig, und der andere dreht zwischendurch seine Geschwindigkeit um. Wie sich dann herausstellt, ist der Heimkehrer viel weniger gealtert als der Zurückgebliebene.

Michele: Und da sollte dieser kleine Fauxpas der Wende zu einem solchen Jungbrunnen werden? Das kann ich nur glauben, wenn du mir einen Mechanismus zeigst, der das bewirkt.

Albert: Dazu müssen wir Uhren verwenden, deren Gang nur von den fundamentalen Naturgesetzen bestimmt wird. Mit deiner Pendeluhr etwa wirst du im Weltraum wenig ausrichten. Die Universelle ist die Lichtgeschwindigkeit, sodass eine Lichtuhr das geeignete Instrument sein muss.

Mileva: Vorausgesetzt, dass der Abstand zwischen den Spiegeln immer gleich bleibt. Liegt er in Geschwindigkeitsrichtung, dann schrumpft er ja durch die Bewegung, und das wird wieder zu Meinungsverschiedenheiten führen. Wir müssen daher den Lichtstrahl senkrecht zur Zuggeschwindigkeit führen, um solchen Tadel zu vermeiden.

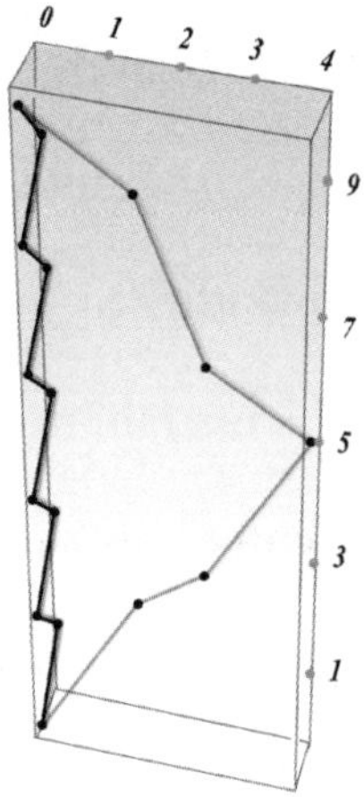

Die Lichtimpulse einer bewegten (grauen) und einer ruhenden (schwarzen) Lichtuhr

Jetzt pendelt der Lichtpuls also senkrecht zur Fahrtrichtung hin und her – und jedermann gibt zu, dass die Events, bei denen die Impulse reflektiert werden, zur rechten Zeit sind. Über die Breite des Zugs gibt es keine Meinungsverschiedenheiten, und niemand kann bezweifeln, dass beide Lichtuhren eine richtige Zeit angeben.

Wenn unser bewegter Beobachter aber nach dem dritten Impuls schnell in den Rückzug umsteigt und am Heimatbahnhof die Zeit mit den zu Hause Gebliebenen vergleicht, gibt es schon wieder Unstimmigkeiten – die Zahlen der Reflexionen stimmen nämlich nicht überein. Die vorherige Zeichnung zeigt Folgendes: Während die Lichtpulse der ruhenden Lichtuhr 10 Mal hin und her pendeln, werden jene der bewegten Lichtuhr für $v = \frac{4}{5}c$ nur 6 Mal reflektiert, bis sie wieder am gleichen Ort zusammenkommen.

Albert: Das ist aber nicht unbegreiflich, denn für den ruhenden Beobachter legt ja das Licht in der bewegten Uhr zwischen den Reflexionen einen längeren Weg zurück als in der ruhenden, daher braucht es auch länger.

Mileva: Das werde ich gleich nachrechnen, ich nehme am besten die Pythagoräischen Zahlen 3, 4, 5 – und wenn wir $v = \frac{4}{5}$ setzen, dann ist $\sqrt{1 - v^2} = \frac{3}{5}$, und alles geht sich schön aus. Etwa bei deiner Geschwindigkeit $\frac{4}{5}$ verschiebt sich der in die y-Richtung gesendete Lichtstrahl nach einer Flugzeit T in der x-Richtung um $\frac{4}{5}T$. Wenn er bis zur Reflexion die Zeit T braucht, ist er in der y-Richtung bis zur anderen Uhrseite, sagen wir im Abstand 1, geflogen. In der ruhenden Uhr braucht er dazu gerade die Zeit 1, die Uhr gibt ja die Zeiteinheit an. In der bewegten gilt nach Pythagoras $T^2 = (\frac{4}{5}T)^2 + 1$, also $T = \frac{5}{3}$. Der Lichtstrahl braucht in der bewegten Uhr bis zur Reflexion um den Faktor $\frac{5}{3}$ länger als in der ruhenden. Dies summiert sich so auf, dass dann aus den 10 Reflexionen nur $\frac{30}{5} = 6$ werden.

Die Beschleunigung bei der Wende scheint der Lichtuhr aber nichts anzuhaben – umso erstaunlicher ist, dass die Wende so eine Wirkung nach sich zieht.

Albert: Dies zeigt, dass es die Zeit absolut gar nicht gibt. Sie ist ein Konstrukt, das von der Güte unserer Uhren abhängt. Eine Pendeluhr käme bei der Wende sicher aus dem Takt, und die Zeit hätte sich dann verflüchtigt.

Michele: Diese Raum-Zeit-Geometrie ist schon sonderbar – im Gegensatz zu den Euklidischen Räumen sind hier nicht alle Richtungen gleichwertig. Heißt das, es gibt eine ausgezeichnete Richtung?

Albert: Die darf es nicht geben, denn das würde der Gleichberechtigung bewegter Bezugssysteme widersprechen. Aber es gibt Klassen von Richtungen, sodass innerhalb einer Klasse die Richtungen äquivalent sind, nur, man kann sie nicht von einer Klasse in eine andere transformieren. Mein zweites Postulat besagt ja gerade, dass die Zeitachsen verschiedener zueinander gleichförmig bewegter Systeme gleichberechtigte Richtungen in der Raum-Zeit definieren. Dass Überlichtgeschwindigkeit verboten ist, heißt, dass die Zeitachsen zu raumartigen Richtungen nicht äquivalent sind.

Michele: Und wie viele Dimensionen hat jetzt das alles?

Albert: Vier.

Michele: Damit bin ich nicht so glücklich, weil einen vierdimensionalen Raum stelle ich mir euklidisch vor, und das ist es aber nicht.

Albert: Also gut, sagen wir 1 + 3.

Michele: Vielleicht könnte ich dann auch sagen, unser Raum hat 1 + 2 Dimensionen, denn Oben–Unten ist deutlich von Vorne–Hinten und Rechts–Links verschieden.

Albert: Das kommt uns Erdbürgern nur so vor. Wenn wir einmal in den Weltraum fliegen, werden wir sehen, dass es kein Oben–Unten gibt. Aber wo du auch hinfliegst, bleibt dir der Unterschied von Raum und Zeit.

Michele: Außer vielleicht am ersten Tag – ganz am Anfang der Welt –, da waren sie noch nicht geschieden.

Mileva: Jetzt ist es genug mit euren Spinnereien – da redet Michele doch vom ersten Tag, so eine Schnapsidee. Albert, du solltest dich auch eher um die Patentanträge kümmern als über so unnützes Zeug zu fantasieren. Aber lassen wir das, gehen wir doch jetzt Essen.

Albert: Vielleicht ist es doch einmal zu etwas gut. Einem neugeborenen Baby sieht man ja auch nicht an, zu welchen Taten es im Leben aufbrechen wird.

Epilog des 3. Akts

Später gehen Albert und Michele noch auf ein Bier. Der Leser muss ihnen nicht folgen – nur, wenn er neugierig ist, wie sie so mit skurrilen Formeln hantieren.

Albert: Jetzt sollten wir doch versuchen, diese etwas bizarre Lorentz'sche Formel aus unserer schönen Zeichnung zu extrahieren.

Michele: An den Zeichnungen sehen wir ohnehin schon viel qualitativ, aber vielleicht können wir auch etwas Quantitatives herausarbeiten:
Der Winkel zwischen den Events mit x' = 0, also der neuen Zeitachse mit der alten Zeitachse, scheint derselbe zu sein wie derjenige zwischen neuer und alter x-Achse.

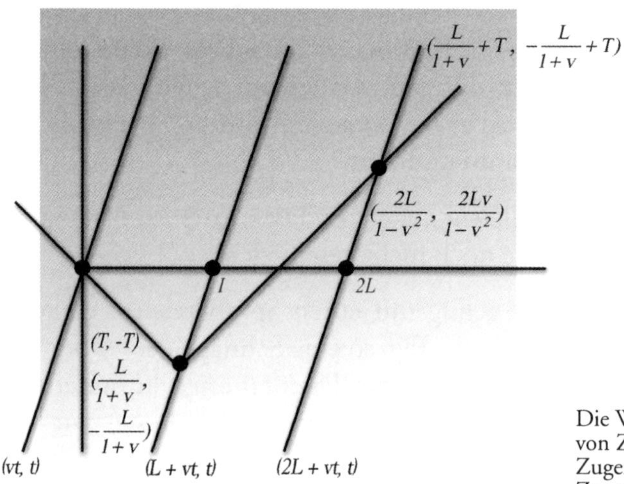

Die Weltlinien von Zugmitte, Zugende und Zuganfang

Albert: Dies stimmt auch genau. Wir verwenden wieder Einheiten mit Lichtgeschwindigkeit c = 1. Aber die Genauigkeit hat ihren Preis, denn wir müssen hierfür ein bisschen rechnen (4). Um die Gleichheit der Winkel zu beweisen, muss ich mir das mit den zwei Lichtstrahlen im Zug noch einmal herauszeichnen. Ich lege den Koordinatenursprung (0, 0) so, dass dort der rückläufige Lichtblitz das Zugende trifft. Die Weltlinie dieses Lichtstrahls ist dann (T, –T), wobei T eine positive Zahl ist. Nennen wir die Länge des Zugs, im ruhenden System gemessen, 2L, dann sind die Weltlinien von Zugende, -mitte und -anfang (vt, t), (L + vt, t), (2L + vt, t), wobei t jeweils eine Zahl darstellt, die das Event auf der Weltlinie beziffert. Die Weltlinie (T, –T) und (L + vt, t) der Zugmitte schneiden einander im Event $(\frac{L}{1+v}, \frac{-L}{1+v})$, wobei die Linienparameter die Werte $t = -T = -\frac{L}{1+v}$ haben. Der Lichtblitz nach vorne hat demnach die Weltlinie $(\frac{L}{1+v} + T, \frac{-L}{1+v} + T)$ und schneidet diejenige des Bugs (2L + vt, t) für $t = T - \frac{L}{1+v}$, sobald der Ort 2L + vt des Zuganfangs dem des Lichts $\frac{L}{1+v} + T$ gleicht. Dies geschieht für $T = \frac{L}{1-v}$ am Event $(\frac{2L}{1-v^2}, \frac{2Lv}{1-v^2})$. Dieses Event liegt für alle L auf der Geraden t = vx durch den Ursprung. Diese Linie ist genauso verdreht wie die neue Zeitachse, welche die Gerade x = vt darstellt.

Michele: Wenn wir die Koordinaten im mitbewegten System mit (x', t') bezeichnen [neue Koordinaten], haben also die Events (0, t') [neue Zeitachse] die alten Koordinaten x = vt und die Events (x', 0) [neue x-Achse] die Koordinaten t = vx. Dadurch sind die alten Koordinaten jedes Events mit den neuen Koordinaten (x', t') = (x', 0) + (0, t') bis auf Skalenfaktoren $f_{1,2(v)}$ festgelegt $(x', t') = ((x - vt) \cdot f_1, (t - vx) \cdot f_2)$. So wird $x' = 0 \Leftrightarrow$ (äquivalent zu bzw. gleichbedeutend mit) $x = vt$, $t' = 0 \Leftrightarrow t = vx$.

Albert: Die v-Abhängigkeit der $f_{1,2}$ wird nun durch mein Postulat II fixiert. Im bewegten Zug glaubt man ja, man sei in Ruhe und der ruhende Zug bewege sich in umgekehrter Richtung. Sind beide Züge gleichberechtigt, dann muss ich deshalb, wenn ich noch einmal die Koordinatentransformation $(x, t) \Rightarrow (x', t')$ – aber mit $v \Leftrightarrow -v$ – anschließe, wieder die alten Koordinaten bekommen. Da ja nichts das Vorzeichen von v auszeichnet, sind die fs dabei die gleichen, es muss somit gelten $(x, t) \Rightarrow (f_1 \cdot (x - vt), f_2 \cdot (t - vx)) \Rightarrow (f_1 (f_1 (x - vt) - vf_2 (t + vx)), f_2 (f_2 (t + vx) - vf_1 (x + vt))) = (x, t)$.
Daraus folgt:

$$f_1^{\,2} - v^2 f_1 f_2 = 1, \; f_1 (f_1 - f_2) = 0$$
$$f_2^{\,2} - v^2 f_1 f_2 = 1, \; f_2 (f_2 - f_1) = 0$$

somit $f_1 = f_2 = \dfrac{1}{\sqrt{1 - v^2}}$.

Dies stellt nun genau das dar, was uns Herr Lorentz sagt. Er hatte seine Transformation gefunden, weil sie die Maxwell'schen Gleichungen invariant lässt, aber diese folgt schon aus unseren allgemeineren Überlegungen.

Ich möchte schließlich noch diese Formeln durch die Fahrt mit dem Porsche in die Garage illustrieren.
Die Koordinaten sind durch die gerade angegebene Lorentztransformation mit $v = \frac{4}{5}$, $\sqrt{1 - v^2} = \frac{3}{5}$ verknüpft. Meine Koordinaten (x', t') hängen mit deinen (x, t), in denen du dich in Ruhe befindest, wie folgt zusammen: $x' = \frac{5}{3} (x - \frac{4}{5} t)$, $t' = \frac{5}{3} (t - \frac{4}{5} x)$. Die Weltlinie meines Hecks $x' = 0$ ist in deinen ruhenden Koordinaten $t = \frac{5}{4} x$. Mein Bug ist in meinen beweg-

ten Koordinaten nun 3 m weiter vorne. Also hat er die Weltlinie x' = 3 oder $t = \frac{5}{4}x - \frac{9}{4}$. Die Nulllinie t' = 0 meiner Zeit ist $t = \frac{4}{5}x$. Was du willst, ist, dass ich Heck und Bug zur Zeit t = 0 stoppe. Ich muss das Heck auch zur Zeit t' = 0 stoppen, aber das Event des Bugstoppens $(x, t) = (3 \cdot \frac{3}{5}, 0)$ hat meine Koordinaten $(x', t') = (3, -\frac{12}{5})$. Das heißt also, dass ich zuerst den Bug stoppen soll, aber mit dem Heck dann von $t' = -\frac{12}{5}$ bis t' = 0 weiterfahren muss, bis ich hineinpasse.

4. Akt

Epilog im Himmel

Nach längerer Zeit kommen die Erzengel wieder einmal zusammen und resümieren die Erkenntnisse der Menschen.

Gabriel: Das war schon kühn, als Einstein vor hundert Jahren verkündete, dass nichts schneller als das Licht läuft.

Uriel: Noch dazu gab es damals für die Menschen nur drei Elementarteilchen (γ, e, p). (γ ist das Lichtquantum, e und p sind unsere alten Freunde Elektron und Proton.) Einstweilen haben sie schon hunderte gefunden, aber keines kann das Licht einholen.

Gabriel: Überhaupt schien ja zu dieser Zeit die Lichtgeschwindigkeit so astronomisch groß, führt sie doch die Teilchen der Aurora 7 Mal pro Sekunde um die Erde. Damals bestand absolut keine Chance, Materie auf diese Geschwindigkeit zu bringen, um Einsteins Theorie zu überprüfen.

Uriel: Einstweilen haben die Menschen dies aber gelernt, und sie experimentieren am Rande der Lichtgeschwindigkeit mit einer Präzision wie an stehenden Objekten.

Gabriel: Aber wie machen sie das, so eine halsbrecherische Geschwindigkeit zu erreichen?

Michael: Das geht ganz leicht. Viele Teilchen haben eine elektrische Ladung – und an dieser kann man mit einem elektrischen Feld anziehen. Macht man das länger, so wird das Teilchen immer schneller. Man zieht also so lange, bis man fast die Lichtgeschwindigkeit erreicht.

Gabriel: Und warum zieht man dann nicht noch ein wenig länger und gibt dem Teilchen Überlichtgeschwindigkeit?

Michael: Das geht nicht. Je näher das Teilchen an die Lichtgeschwindigkeit herankommt, desto größer wird seine Masse, und sie widersetzt sich jeder weiteren Beschleunigung.

Gabriel: Das kann ich nicht verstehen. Einstein hat doch gelehrt, dass ich das Geschehen auch von einem beliebig gleichförmig bewegten Bezugssystem betrachten kann. Setze ich mich in das System, das sich mit dem Teilchen bewegt, dann ruht das Teilchen ja, und es muss die normale Masse haben. Was hindert mich dann daran, ihm noch so einen Schubs zu geben, dass es auf Überlichtgeschwindigkeit kommt?

Michael: Ein zusätzlicher Schubs nützt nichts. Auch wenn du das Teilchen im mitbewegten System auf halbe Lichtgeschwindigkeit schubst, so hat es im ursprünglichen System noch immer nicht Überlichtgeschwindigkeit. Du siehst das am besten auf einem Raum-Zeit-Diagramm, in welchem das Auf-halbe-Lichtgeschwindigkeit-Schubsen einfach bedeutet, den Abstand der Weltlinie zum Lichtstrahl zu halbieren. Aus der ruhenden Weltlinie wird also somit die geschubste.

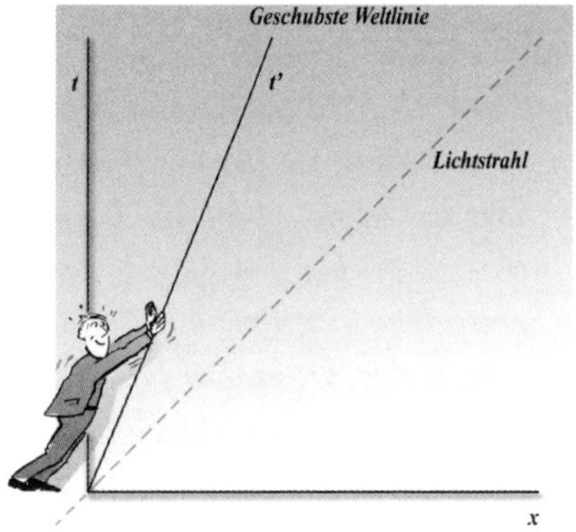

Man kann nie Überlichtgeschwindigkeit erreichen, da man beim Schubsen lediglich den Abstand der Weltlinie zum Lichtstrahl halbiert.

Wenn du jetzt im geschubsten System noch einmal schubst, halbierst du wiederum den Abstand zum Lichtstrahl. Aber dadurch hast du den Lichtstrahl noch immer nicht eingeholt.

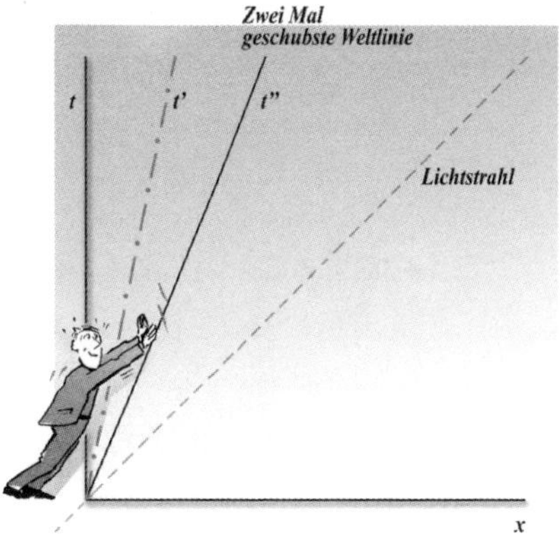

Hier ist deutlich zu sehen, dass bei immer weiterem Schubsen der Abstand der Weltlinie zum Lichtstrahl halbiert wird, und somit die Überlichtgeschwindigkeit auf diese Weise nicht erreichbar ist.

Gabriel: Ich sehe schon, das ist wie bei dem Versuch des Achilles, die Schildkröte einzuholen. Sobald er dort ist, wo sie ursprünglich war, ist sie schon ein Stückchen weiter gelaufen usw. Aber in Wirklichkeit kann er die Schildkröte ja doch überholen (1).

1 Das Argument mit Achilles und der Schildkröte geht so: Achilles läuft doppelt so schnell wie die Schildkröte, kann sie aber dennoch nicht einholen. Denn wenn sie für $t = 0$ beim Abstand 1 vor ihm ist, bis er dort ist, ist sie schon bei $1 + \frac{1}{2}$. Hat er diese Stelle erreicht, ist sie schon bei $1 + \frac{1}{2} + \frac{1}{4}$ usw. Genau so lange dauert es in Sekunden, wenn er von 0 nach 1 eine Sekunde braucht. Wenn man das Argument fortsetzt, bekommt die Summe immer mehr Glieder, und durch Jahrhunderte dachte man, es würde unendlich lange dauern, bis er sie erwischt. Heute wissen wir, dass eine Summe von unendlich vielen Zahlen einen endlichen Wert haben kann, es ist klar, dass er sie nach 2 Sekunden bei 2 eingeholt haben wird.

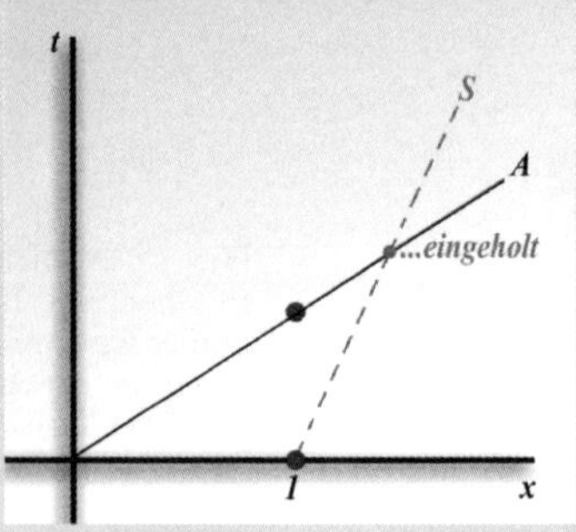

Achilles holt die Schildkröte ein.

Michael: Das kann geschehen, weil bei Achilles die Zeitintervalle immer kürzer werden, sodass ihre Summe auch etwas Endliches ist. Beim Anpirschen an die Lichtgeschwindigkeit ist dies aber nicht der Fall.

Uriel: Das heißt also, dass man in den großen Teilchenbeschleunigern die Teilchen immer weiter schubst, aber stets unter der Lichtgeschwindigkeit bleibt.

Gabriel: Einstein lässt sich also nicht widerlegen. Aber warum heißen die Maschinen dann Beschleuniger, wenn man mit der Geschwindigkeit doch nicht weiter kommt?

Michael: Du hast ganz recht, man müsste sie im Grunde genommen „Massenvergrößerer" nennen.

Uriel: Aber das ist doch eigentlich Betrug. Man will von den Politikern viel Geld, um einen Beschleuniger zu bauen, und dann kommt etwas ganz anderes dabei heraus.

Michael: Nicht ganz. Die Politiker müssten das ja nur von einem mitbewegten Bezugssystem aus betrachten, in dem die Teilchen tatsächlich beschleunigt werden.

Uriel: So viel Relativitätstheorie von den Politikern zu erwarten – das ist schlichtweg unmöglich. Es fällt ihnen ja schon schwer, die Dinge des täglichen Lebens von einem etwas anderen Standpunkt aus zu betrachten; aber von einem, der sich fast mit Lichtgeschwindigkeit bewegt – undenkbar.

Michael: Ich glaube, es geht um etwas anderes. Einsteins Einsichten haben eine neue Welt am Rande der Lichtgeschwindigkeit eröffnet. Wenn es gelingt, diese auch technologisch zu beherrschen, bieten sich Möglichkeiten, an die niemand zuvor zu denken wagte (2).

2 *Die Verbreitung des Internets ist auch ein Nebenprodukt der Hochenergiephysik. Nachdem der Rechenbedarf immer größer und der Transport von Lochkarten oder Magnetbändern immer mühsamer wurde, griff man in CERN die Idee auf, die Computer der verschiedenen Laboratorien über Satelliten zu vernetzen. Daraus entwickelte sich das World Wide Web.*

Gabriel: Atemberaubend, welche Präzision die Teilchenbeschleuniger bei der Lenkung der Teilchen erreichen. Der Teilchenstrahl muss die ganze Zeit in der engen, luftleeren Röhre gebündelt bleiben – sobald ein Teilchen die Wand streift, ist es verloren.

Uriel: Noch dazu bei dieser hohen Geschwindigkeit – man kommt ja schon bis auf ein Tausendstel Prozent an die Lichtgeschwindigkeit heran.

Michael: Bis dahin ist es aber auch ein weiter Weg. Man muss dabei so genau zielen, als wollte man am Mond einen Stein treffen. Sobald man an der Wand anstreift, ist es aus.

Uriel: Ja, man muss den Strahl in der Vakuumröhre sehr gut fokussieren – er wird so scharf wie ein Rasiermesser.

Gabriel: Ich habe gelesen, dass man den Strahl immer weiter geschärft hat, bis der liebe Mond den Leuten einen Strich durch die Rechnung machte.

Uriel: Das hast du wohl in einer astrologischen Zeitschrift gelesen.

Michael: Nein, der Mond zieht ja nicht nur das Meerwasser an und trägt so zu den Gezeiten bei, sondern er zieht auch die Landmasse an und verschiebt sie ein klein wenig. Davon spüren wir zwar nichts, aber wenn es um die Genauigkeit von mm auf vielen km geht, kommt auch das heraus.

Gabriel: Wenn sogar solche Winzigkeiten spürbar werden, dann heißt das, dass die Einstein'sche Theorie am Rande der Lichtgeschwindigkeit ungeheuer genau gelten muss. Würde da etwas nicht ganz stimmen, so wäre dies dabei schon längst zu Tage gekommen.

Uriel: Es scheint also empirisch gesichert zu sein, dass die Lichtgeschwindigkeit die universelle Grenzgeschwindigkeit darstellt – das ist der Eckpfeiler der Physik der großen Geschwindigkeiten. Aber die anderen Effekte, die Einstein vorhersagte, sind wohl nicht so spektakulär. Etwa dass die Uhr eines bewegten Beobachters etwas langsamer geht, spielt wahrscheinlich kaum eine große Rolle. Wenn der bewegte Beobachter in Amerika ankommt, haben die Leute dort ohnehin eine andere Zeit, und dass seine Uhr etwas zu spät geht, ist dann auch schon gleichgültig.

Michael: Und doch liefert diese Zeitdehnung eine Überraschung, nämlich bezüglich der Frage, wieso die vielen μ-Mesonen das Meeresniveau erreichen. Diese Teilchen werden schon in 9 km Höhe von der kosmischen Strahlung erzeugt und leben nur eine Millionstelsekunde lang. Mit dieser Lebensdauer kommen sie sogar mit Lichtgeschwindigkeit nur 300 m weit und könnten daher niemals die Meereshöhe erreichen.

Gabriel: Dies zeigt vielleicht, dass sie sich mit Überlichtgeschwindigkeit bewegen können?

Uriel: Schon wieder das Gerede von der Überlichtgeschwindigkeit! Schau dir einmal auf einem Raum-Zeit-Diagramm in dem Kasten an, was dein Vorschlag bedeuten würde.

Sagen wir, das μ-Meson hätte die Geschwindigkeit $v = \frac{4}{5}c$, also eine Zeitdehnung um $\sqrt{1 - \frac{v^2}{c^2}} = \frac{3}{5}$. In den Koordinaten (x, t) von uns ruhenden Beobachtern ist die Weltlinie $x' = 0$ des μ-Mesons $x = \frac{4}{5}t$ oder $t = \frac{5}{4}x$. Da wir eine positive Geschwindigkeit und die x-Achse horizontal annehmen, stellen wir uns vor, das alles geschieht am Äquator: Dann ist die Erdoberfläche rechts vom Gipfel der Erdatmosphäre. Ort und Zeit der Erzeugung sei $(x, t) = (0, 0)$, der Äquator liege bei $x = \frac{4}{3}$. So wird das Meson mit einer Geschwindigkeit in x-Richtung erzeugt, und nach der gedehnten Zeit $\frac{5}{3}$ kommt es gerade am Äquator an, um dort zu zerfallen. In einem mitbewegten System (μ-System) sind die Koordinaten durch die Lorentztransformation $(x', t') = \frac{5}{3}(x - \frac{4}{5}t, t - \frac{4}{5}x)$ umzurechnen. Verwenden wir die μ-Lebensdauer als Zeiteinheit, so zerfällt das μ-Meson auf der Linie, wo die Zeit im μ-System 1 ist. Diese Zerfallslinie $1 = t' = \frac{5}{3}(t - \frac{4}{5}x)$ schneidet diese Weltlinie beim Event $(x, t) = (\frac{4}{3}, \frac{5}{3})$ gerade am Äquator. Dort muss das μ-Meson zerfallen. Du willst aber keine Zeitdehnung. Da das μ-Meson bei $t = t' = 0$ erzeugt wird, sollte es nach $t = 1$ am selben Ort, also am Event $(x, t) = (\frac{4}{3}, 1)$, zerfallen. Im μ-System hat dieses Event die Koordinaten $(x', t') = (\frac{8}{9}, -\frac{1}{9})$. Durch die Überlichtgeschwindigkeit haben wir uns nun eine Akausalität eingehandelt: Die Zeit t' ist negativ, also würde das arme Ding nach seinem Zeitgefühl zerfallen, bevor es bei $(x', t') = (0, 0)$ erzeugt werden würde. Und das wollen wir ihm aber nicht antun.

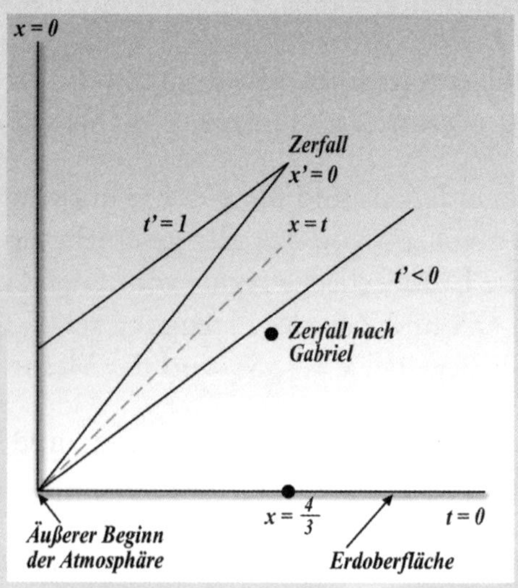

Michael: Dass die μ-Mesonen bis zur Erdoberfläche herunterkommen, rührt sicher von der Zeitdehnung her, man kann dasselbe Experiment ja auch mit künstlich erzeugten Teilchenstrahlen machen. In diesem Fall ist dann das Event ihrer Erzeugung genau bekannt und die Zeitdehnung direkt zu verifizieren.

Uriel: Noch präziser wird sie verifiziert, wenn man das μ-Meson zur Umkehr zwingt, indem man es in einen Speicherring mit genügend starken Magneten sperrt. Dort läuft es dann im Kreis, aber diese Zentrifugalkraft hält es aus, und seine Lebensdauer wird alleine durch den Einstein'schen Effekt gestreckt. Das ist sehr wichtig, denn diese Rückholaktion macht man, um das magnetische Moment des μ-Mesons zu messen, und wenn man dafür hundertmal mehr Zeit als für ruhende μ-Mesonen hat, kann man dies bis zur neunten Dezimalstelle genau machen.

Gabriel: Es ist klar – die Leute, welche dieses Experiment machen, sind wild darauf aus, dass die Zeitdehnung genau eingehalten wird. Wir können daher die Zeitdehnung als empirisch gesichert ansehen.

Uriel: Dennoch zögere ich, dies als empirischen Beweis für das Zwillingsparadoxon anzusehen – einfach weil ich ein μ-Meson nicht als meinen Zwilling akzeptiere. Wenn nun von Zwillingen der eine eine Raumfahrt macht und der andere auf der Erde zurückbleibt, altert der zurückgebliebene mehr als der Raumfahrer.

Michael: Du hast ja gar keinen Zwilling, aber vielleicht kommt Folgendes näher an deine Vorstellungen:
Zwei Herren stiegen einmal in zwei Flugzeuge, um die Erde zu umrunden, aber in umgekehrter Richtung. Dabei hatte der im Gegensinn zur Erddrehung Fliegende in dem sich zur Erde drehenden Bezugssystem fast keine Geschwindigkeit, die Erde drehte sich einmal unter ihm herum, der andere hatte dafür

die doppelte. Sie hatten sehr gute Atomuhren, und als sie diese nachher verglichen, war tatsächlich die des bewegten Fliegers um einige Nanosekunden zurückgeblieben. Da die anderen Umstände gleich waren, muss dies wohl als Zeitdehnung aufgefasst werden.

Gabriel: Noch schneller fliegen ja Satelliten um die Erde – in etwa 1 $\frac{1}{2}$ Stunden. Da muss der Effekt doch ansehnlicher sein.

Michael: Das wohl, aber wenn man eine Uhr am Satellit mit einer am Grund vergleicht, dann kommt noch ein anderer, ebenfalls von Einstein vorhergesagter Effekt hinzu. In seiner Allgemeinen Relativitätstheorie bremst das Gravitationspotential Uhren, und da es am Grund und auf der Satellitenbahn verschieden ist, muss man für die Potentialdifferenz korrigieren. Das ist besonders beim GPS wichtig. Damit dieses nämlich eine Genauigkeit von Metern erreichen kann, muss man die Korrektur ganz exakt durchführen. Insofern bestätigt das auch die Zeitdehnung, der Effekt wird bei der heutigen Hochtechnologie somit immer automatisch berücksichtigt.

Uriel: Wenn die Zeitdilatation experimentell verifiziert ist, kann man die Längenkontraktion wohl auch als erwiesen ansehen, denn es geht ja um denselben Faktor. Ihr Verhältnis, die Lichtgeschwindigkeit, muss ja in allen Systemen gleich sein.

Gabriel: Das verstehe ich nicht. Zeiten werden gedehnt und Längen gestaucht, das scheint ja in der verkehrten Richtung zu gehen.

Michael: Es geht schon gut, wenn du es von der richtigen Seite aus betrachtest. Ich werde euch das später in der Studierstube zeigen.

Schauen wir gleich, ob wir das Durchqueren der Erdatmosphäre durch μ-Mesonen auch als Evidenz der Längenkontraktion ansehen können. Im System, das sich mit den μ-Mesonen bewegt, ist ihre Lebensdauer ja nicht verlängert, dafür erscheint die Erdatmosphäre gestaucht.

Uriel: Ich sehe schon an unserer letzten Zeichnung, dass das so stimmt. Im mitbewegten System wird das μ-Meson bei [0, 0] erzeugt und zerfällt bei [0, 1]. Wenn wir diese Events in den ruhenden Koordinaten ausdrücken, wird das μ-Meson bei (0, 0) erzeugt und zerfällt bei $(\frac{v}{\sqrt{1-v^2}}, \frac{1}{\sqrt{1-v^2}})$. Für $v > \frac{1}{\sqrt{2}}$ wird $\frac{v}{\sqrt{1-v^2}} > 1$, in diesem System ist es also räumlich weiter gekommen, als es ihm in der Einheitszeit erlaubt ist. Man kann dies also auf zweierlei Arten ansehen – je nachdem, von welchem System aus man es betrachtet: Uns erscheint seine Lebensdauer gedehnt, oder ihm erscheint die zu durchquerende Strecke gestaucht.

Epilog des 4. Akts

Michael: Zusammenfassend kann man also nun sagen, dass die drei Kernaussagen von Einstein im Jahre 1905 – nämlich Lichtgeschwindigkeit = universelles Tempolimit, Zeitdilatation und Längenkontraktion – nicht nur glänzend bestätigt werden, sondern auch schon in die technologische Werkzeugkiste der Menschen integriert sind.

Gabriel: So wurde die Relativitätstheorie sogar ein wirtschaftlicher Faktor. Da soll noch einmal jemand behaupten, die Grundlagenforschung sei unrentabel. Hier ist die Rentabilität sogar unendlich, denn es gab gar keine Anfangsinvestition. Einstein hat das ja in seiner Freizeit um Gottes Lohn gemacht.

Uriel: Es ist schon erstaunlich, was da durch reines Denken alles zu Tage gefördert werden kann. Dabei war das nur der Anfang, den Einstein in seiner Allgemeinen Relativitätstheorie zu weiteren Triumphen geführt hat.

Gabriel: Dazu musste er allerdings noch allerlei Mathematik lernen – und die lässt sich nicht entformeln.

Uriel: Aber schon seine Leistungen von 1905 zeigen, wie der menschliche Geist tiefe Zusammenhänge in der Natur erkennen kann. Du musst also zugeben, dass ich unsere Wette gewonnen habe.

Gabriel: Da bin ich nicht so sicher. Die Menschen glauben wohl, das Wesen von Raum und Zeit erfasst zu haben, aber die tiefsten Geheimnisse haben sie noch nicht durchschaut.

Uriel: Es könnte sein, dass es diese gar nicht gibt. Vielleicht verbirgt sich hinter jedem Geheimnis ein noch tieferes.

Gabriel: Dann hätten wir die Wette falsch formuliert. Sagen wir, sie ist unentschieden ausgegangen, und gehen wir zusammen zu dem Weltlexikon, um zu schauen, was da noch für Geheimnisse hinter Raum und Zeit lauern.

Michaels Studierstube

Kein Zutritt für Leute mit mathematischen Allergien!

Michael: Wie gesagt, wir wollen hier unsere geometrischen Vorstellungen mit Hilfe der von Descartes eingeführten Koordinaten formalisieren. Dabei wird ein Punkt der Ebene durch zwei Zahlen, die Koordinaten (x, y), repräsentiert. Dieses Paar hat die anschauliche Bedeutung der Projektion des Punktes auf zwei senkrecht stehende Geraden, die so genannten Koordinatenachsen.

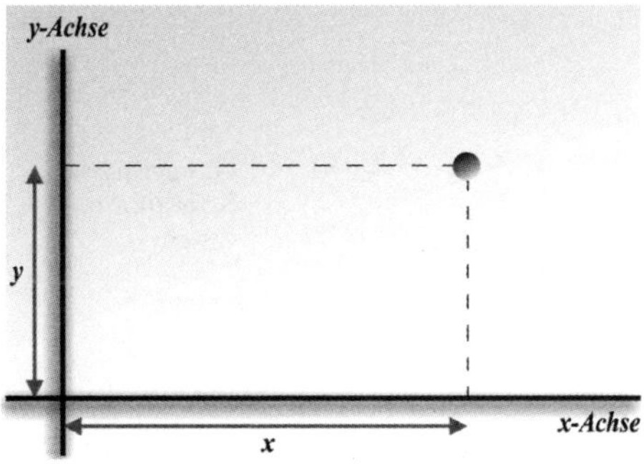

Im Kartesischen Koordinatensystem wird – wie bereits erwähnt – die Lage eines Punktes durch den Normalabstand (die (x, y)-Koordinaten) von den Achsen angegeben.

Diese sind aber nicht fest vorgegeben, sondern können nach Belieben gedreht oder verschoben werden. In den zwei Geometrien, die wir studieren wollen, ist aber jeweils eine Größe absolut vorgegeben. In der Ebene ist der Unterschied zwischen der Euklidischen und der Minkowski-Geometrie folgender:

Bei Euklid: Absolut ist der Abstand. Die Punkte der Ebene (Koordinaten x, y) mit Abstand d vom Nullpunkt haben nach Pythagoras $x^2 + y^2 = d^2$, und Drehungen ergeben ein äquivalentes Koordinatensystem mit den Koordinaten (x', y') mit $x'^2 + y'^2 = x^2 + y^2$. Denn in dem rechtwinkeligen Dreieck sind x und y die Katheten sowie d die Hypothenuse.

Verformelt ausgedrückt lautet der Zusammenhang zwischen den Koordinaten folgendermaßen: $x' = \sqrt{1 - s^2}x + sy$; $y' = -sx + \sqrt{1 - s^2}y$; $0 \leq |s| \leq 1$, also ist s eine Zahl zwischen –1 und +1, die vom Drehwinkel (sin ϕ) des Koordinatensystems abhängt.

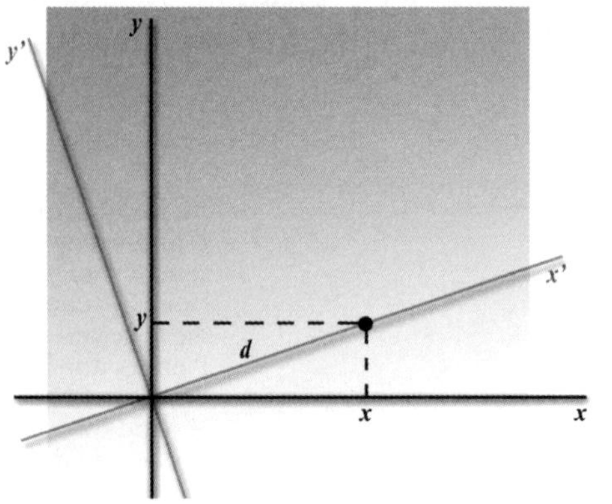

Das gedrehte Koordinaten-system

Bei Minkowski: Hier sind die Koordinaten Raum und Zeit (x, t), und absolut ist der Lichtstrahl $x^2 = t^2$. Die (zeitartigen) Events mit dem Minkowski-Abstand (Weltabstand) d vom Nullpunkt haben $x^2 - t^2 = -d^2$, wobei d absolut ist. Für den Lichtstrahl ist $d = 0$. Lorentztransformationen ergeben ein äquivalentes Koordinatensystem (x', t') mit $d^2 = x'^2 - t'^2 = x^2 - t^2$.

Hier gilt $x' = \frac{x}{\sqrt{1 - v^2}} + \frac{vt}{\sqrt{1 - v^2}}$; $t' = \frac{vx}{\sqrt{1 - v^2}} + \frac{t}{\sqrt{1 - v^2}}$; $0 \leq |v| \leq 1$. Die Koordinaten (x', t') geben jetzt nicht mehr die Abstände an, wie man sie in der Zeichnung sieht – diese sind um den Skalenfaktor $\frac{1}{\sqrt{1 - v^2}}$ verzerrt.

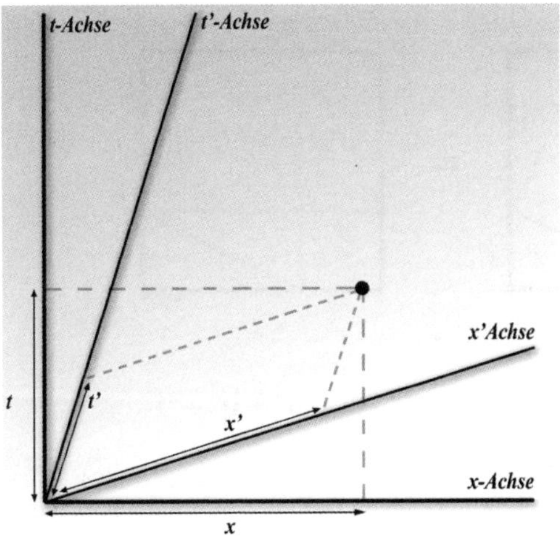

Bei diesen beiden Koordinatensystemen bilden die t'- und x'-Achse mit der t- bzw. x-Achse den gleichen Winkel. Dieser hängt von der Geschwindigkeit ab.

Gabriel: Weil jetzt $x^2 - t^2$ absolut ist, hast du also vorher von der Wurzel aus –1 phantasiert. Denn wenn ich das mit $t = \sqrt{-1}\ T$ schreibe, bekomme ich wie vorher $x^2 - t^2 = x^2 - (\sqrt{-1}T)^2 = x^2 - (-T^2) = x^2 + T^2$, und dann hätte ich die Euklidische Geometrie.

Uriel: Vielleicht ist dieses $\sqrt{-1}$ nur eine Unart, die erst angenommen wurde, und vorher herrschte Euklid.

Gabriel: Dann gab es auch kein Vorher und keinen Anfang, denn so etwas kennt Euklid nicht.

Uriel: Du sagst es, am Anfang gab es vielleicht gar keinen Anfang. Und dieser kleine Vorzeichenunterschied stellt nun alles auf den Kopf: Pythagoras gilt, wenn Seiten gewechselt werden: $x^2 + d^2 = t^2$.

Gabriel: Es ist schon traurig, dass wir jetzt mit dem Satz von Pythagoras, $a^2 + b^2 = d^2$ nichts anfangen können. Ich habe ihn so gerne, denn um ihn zu beweisen, muss ich nichts rechnen, sondern ein Blick auf die folgende Zeichnung genügt:

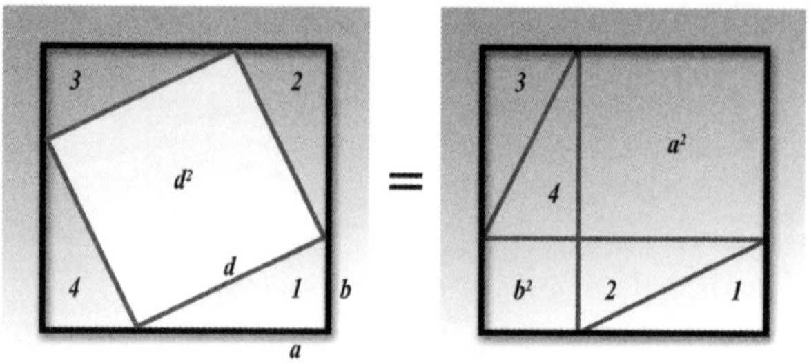

$d^2 + 1, 2, 3, 4 = a^2 + 1, 2, 3, 4 + b^2$, also $a^2 + b^2 = d^2$.

Die rechtwinkeligen Dreiecke 1, 2, 3, 4 im linken Quadrat sind flächengleich mit den rechtwinkeligen Dreiecken im rechten Quadrat. Somit muss auch die Fläche d^2 flächengleich mit den verbleibenden Flächen a^2 und b^2 sein.

Uriel: Ich kann dasselbe auch im Minkowski-Raum machen, nur ist da $d^2 = t^2 - x^2$ nicht die Fläche eines Quadrats, sondern die Fläche F eines spitzwinkeligen Gebildes (oder besser gesagt eines Rhombus), das von den lorentztransformierten Achsen begrenzt wird. Wir haben dann $F + 2x^2 + 1, 2, 3, 4 = t^2 + x^2 + 1, 2, 3, 4$, also $F = t^2 - x^2$, wenn ich das Quadrat folgendermaßen aufteile:

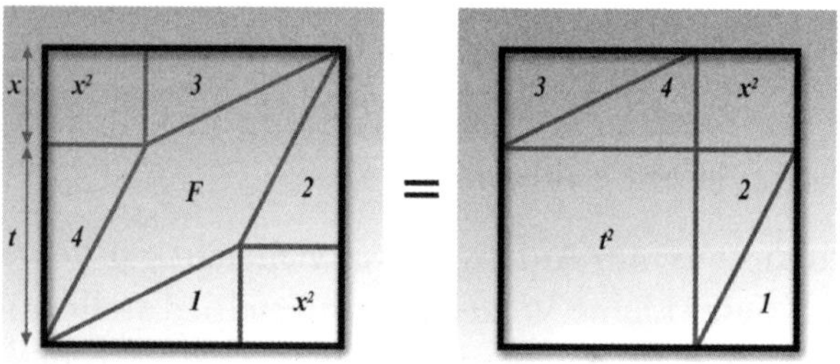

Da die rechtwinkeligen Dreiecke 1, 2, 3, 4, wieder flächengleich sind, muss auch $F + 2x^2$ gleich $x^2 + t^2$ sein, und somit ist F gleich $t^2 - x^2$.

Gabriel: Das heißt also, eine Lorentztransformation führt den Punkt (d, 0) auf so einer Kurve, dass die neue Zeitachse bis zu diesem Punkt zusammen mit den angrenzenden Achsenstücken eine Fläche der Größe d^2 aufspannt. Die Transformation lässt also nicht eine Länge, sondern eine Fläche invariant.

Uriel: Je weiter man transformiert, desto mehr schmiegen sich die Koordinatenachsen an den Lichtstrahl an und müssen in der anderen Richtung hinausragen. Die Geometrie macht also die Zeitdilatation plausibel.

Michael: Sie macht sie nicht nur plausibel, sondern sie gibt auch den exakten Wert an. Beginnen wir mit der Zeiteinheit $d = 1$ und transformieren wir mit der Geschwindigkeit v, $x = vt$, dann besagt eure Zerstückelung $F + 2x^2 = x^2 + t^2$ Folgendes:

$1 + 2v^2t^2 = v^2t^2 + t^2$ oder $t = \frac{1}{\sqrt{1 - v^2}}$. Dass die Fläche F gleich d^2 ist, hätte ich euch gleich sagen können. Sie geht ja aus dem Quadrat mit der Seitenlänge d durch eine Lorentztransformation hervor, und diese Transformation hat die Determinante 1, sie ist also flächenerhaltend.

Gabriel: Das ist wieder so ein gelehrtes Sprüchlein von dir. Lieber als dieser abstrakte Nonsens ist es mir aber, wenn ich es mit eigenen Augen sehen kann.

Michael: Stell dich nicht so an! Ich will nicht mit dir darüber streiten, sondern jetzt zu den wichtigen Eigenschaften der Koordinaten in den beiden Geometrien kommen.

I

Bei Euklid: Der Abstand d eines Punktes vom Ursprung ist der **größte** Wert, den die Koordinate x in einem Koordinatensystem haben kann, denn $x' = \sqrt{d^2 - y'^2} \leq d$. Dieser Wert wird angenommen für $y' = 0$, also wenn der Punkt auf der x-Achse liegt.

Bei Minkowski: Der Minkowski-Abstand d ist die **kürzeste** Zeit, die das Event haben kann, denn $t' = \sqrt{d^2 + x'^2} \geq d$. Diese Zeit wird in dem Koordinatensystem angenommen, in dem der Punkt auf der t-Achse liegt. Dies zeigt, dass in den gestrichenen Koordinaten im Diagramm die Zeitskala gedehnt ist. Auf dem Bild wäre $t' = d = \sqrt{t^2 + x^2}$ – also wenn die relative Geschwindigkeit v und auf der t-Achse $x = vt$ ist, haben wir $t' = t\sqrt{1 + v^2}$.

Die Lorentztransformation erteilt aber t' den Wert $\frac{t - vx}{\sqrt{1 - v^2}}$, also für $x = vt$ wird $t' = t\sqrt{1 - v^2}$. Dies ist die so genannte

Eigenzeit des bewegten Beobachters. Sie gibt sein subjektives Zeitempfinden an.

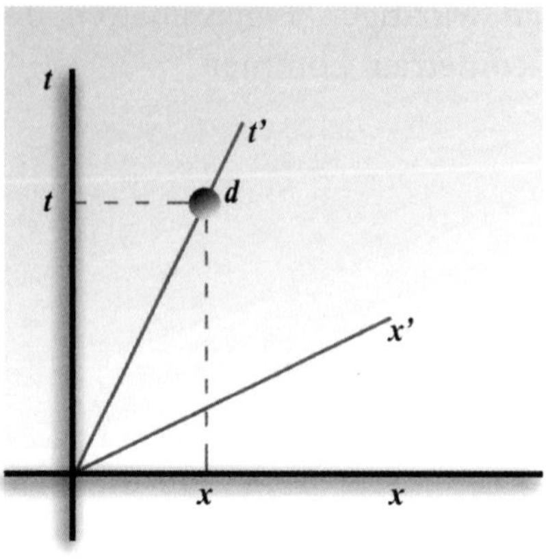

Der Minkowski-Abstand d stellt die kürzeste Zeit eines Events dar.

II

Bei Euklid: Besteht eine Kurve von (0, 0) zu (x, y) aus zwei geraden Segmenten (a, b) und (b, d), so ist ihre Gesamtlänge $\geq \sqrt{x^2 + y^2}$. Gleichheit gibt es genau für eine Gerade.

Bei Minkowski: Besteht eine Weltlinie von (0, 0) zu (x, t) aus zwei geraden Segmenten, so ist ihre Gesamteigenzeit $\leq \sqrt{t^2 - x^2}$. Gleichheit gibt es genau für die Gerade.

Beweis dieser Aussagen

Bei Euklid: Folgt aus der Dreiecksungleichung.

$(ad) \leq (ab) + (bd)$

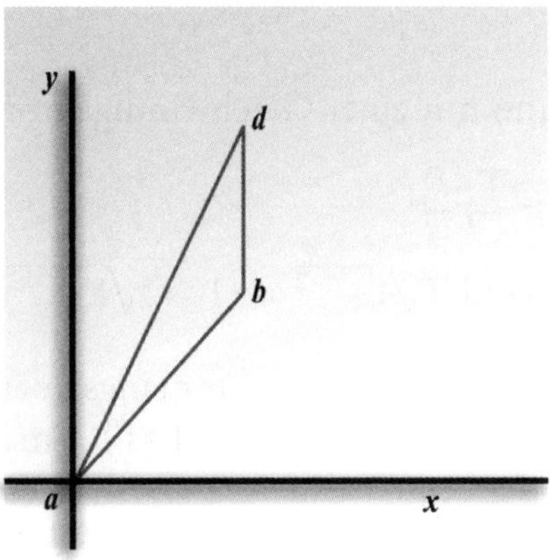

Eine Seite im Dreieck ist kleiner oder gleich („entartetes Dreieck") der Summe der beiden anderen Seiten.

Bei Minkowski: Hier täuscht die Anschauung, denn bei einer Lorentztransformation ändert sich nicht nur die Richtung, sondern auch der Maßstab der Koordinatenachsen.
Ohne Einschränkung der Allgemeinheit können wir (x, t) = (0, 1) annehmen. Den ersten Abschnitt legen wir von (0, 0) bis, sagen wir, (vT, T). Die Zahl v liegt zwischen –1 und +1, und wir können $0 \leq T \leq \frac{1}{2}$ annehmen.

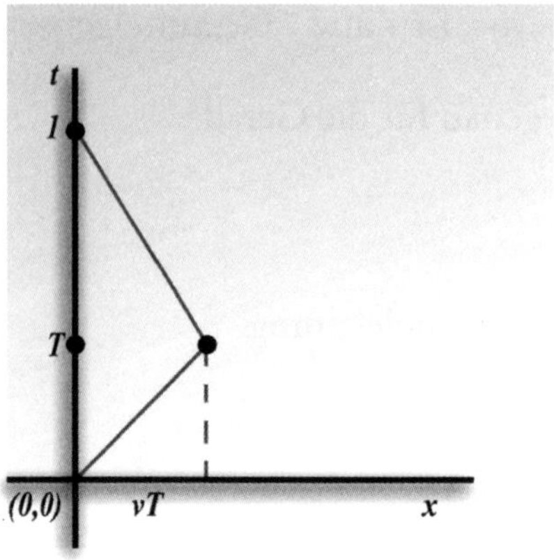

In den beiden Zeitabschnitten erfolgen die Bewegungen mit verschiedenen Geschwindigkeiten.

Der zweite Abschnitt geht dann mit einer Geschwindigkeit v' von (vT, T) nach (0, 1), $v' = \frac{vT}{1 - T}$.
Die Summe der Eigenzeiten wird $T\sqrt{1 - v^2} + (1-T)\sqrt{1 - v'^2}$, denn die bewegten Uhren gehen um diesen Faktor langsamer. Nun ist die Summe tatsächlich $\leq (T + (1-T))$ mal $\text{Max}\,(\sqrt{1 - v^2}, \sqrt{1 - v'^2}) \leq 1$. Die Ungleichung sagt also aus, dass eine Bewegungsveränderung jedenfalls jung hält.

Schließlich möchte ich noch diskutieren, warum die Lorentztransformation eine Stauchung der Längen und eine Dehnung der Zeiten bewirkt:

Schauen wir uns doch die verschiedenen Weltlinien an. Es seien (x, t) und [x', t'] die Koordinaten der Events in einem ruhenden und in einem mit der Geschwindigkeit v bewegten Bezugssystem. Die Umrechnung ist $[x', t'] = [\frac{x - vt}{\sqrt{1 - v^2}}, \frac{t - vx}{\sqrt{1 - v^2}}]$, wenn wir die gewohnten Einheiten mit c = 1 verwenden. Gezeichnet sieht dies so aus:

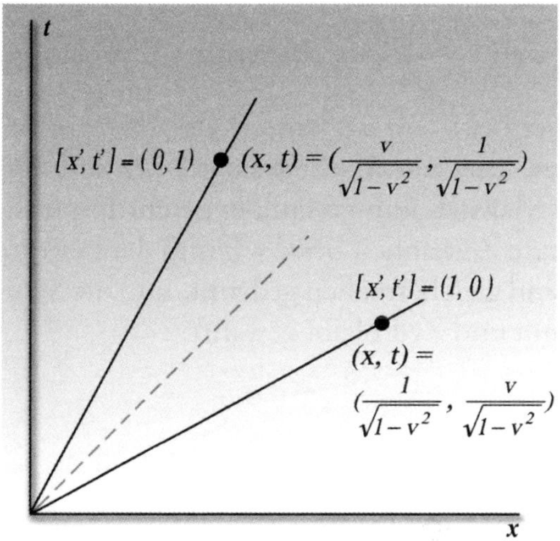

Die Weltlinien für den ruhenden und bewegten Beobachter

Der bewegte Beobachter startet in seinem Koordinaten-Ursprung [x', t'] = (0, 0), welcher derselbe Koordinatenursprung wie für den ruhenden Beobachter ist. Der bewegte Beobachter ist nach seiner Zeiteinheit am Event $[x'=0, t'=1] = (x = \frac{v}{\sqrt{1 - v^2}}, t = \frac{1}{\sqrt{1 - v^2}})$ angelangt. Für den ruhenden Beobachter ist bis dahin die Zeit $\frac{1}{\sqrt{1 - v^2}}$ verstrichen, also die bewegte Einheitszeit um $\frac{1}{\sqrt{1 - v^2}} > 1$ gedehnt. Er wird daher schließen, dass die bewegte Uhr langsamer geht. Der im bewegten

System im Einheitsabstand vom Ursprung entfernte Punkt ist zur Zeit t' = 0 beim Event [x'=1, t'=0] = ($x = \frac{1}{\sqrt{1 - v^2}}$, $t = \frac{v}{\sqrt{1 - v^2}}$). Jetzt scheint für den ruhenden Beobachter der Abstand des Events vom Ursprung um $\frac{1}{\sqrt{1 - v^2}}$ gedehnt, aber weil das Event nicht für t = 0 stattfindet, wird er diesen Faktor nicht für ein Schrumpfen des Raums halten, sondern für ein Weiterfahren in der Zeit $t = \frac{v}{\sqrt{1 - v^2}}$, die seit t = 0 vergangen ist. Da das Event aber bei t' = 0 ist, kann es der bewegte Beobachter so auffassen, dass sein Maßstab länger ist, und dass der für uns ruhende Maßstab ihm gegenüber geschrumpft ist. Also beide, die bewegte Zeiteinheit bei x' = 0 und der bewegte Maßstab bei t' = 0, sind gleichermaßen gedehnt, und die Symmetrie zwischen Raum und Zeit bleibt gewahrt.

Weiterführende Literatur

BERNSTEIN, J.: Albert Einstein, München 1975.

BULIRSCH, R.: Nutz und Frommen der Mathematik, in: BMV Mitteilungen 1/96 (1996).

CALDER, N.: Einstein's Universe, New York 1990.

CLARK, R. W.: Einstein: Leben und Werk, Tübingen 1974.

DAVIES, P.: Die Unsterblichkeit der Zeit. Die moderne Physik zwischen Rationalität und Gott, New York 1995.

DAVIS, P.; HERSH, R.: Descartes' Dream. The World According to Mathematics, New York 2005.

DESCARTES, R.: Philosophische Schriften, Hamburg 1996.

EUKLID: The Thirteen Books of the Elements; Übersetzung: T. L. Heath, New York 1956.

FERRIS, T.: Kinder der Milchstrasse. Die Entwicklung des modernen Weltbildes, Basel 1989.

FERRIS, T. (Ed.): The World Treasury of Physics, Astronomy, and Mathematics, Boston-Toronto-London 1991.

FÖLSING, A.: Albert Einstein. Eine Biographie, Frankfurt am Main 1993.

FRITZSCH, H.: Eine Formel verändert die Welt, München 1997.

GOTTWALD, S; ILGAUDS, H.J.; SCHLOTE, K. H. (Hrsg.): Lexikon bedeutender Mathematiker, Frankfurt am Main 1990.

GREENE, B.: Das elegante Universum, Berlin 2003.

HAWKING, S.: Eine illustrierte kurze Geschichte der Zeit, Reinbek 1999.

HERMANN, A.: Einstein – Der Weltweise und sein Jahrhundert, München 1996.

HOFFMANN, B.: Einsteins Ideen, Heidelberg-Berlin-Oxford 1997.

HÖFLING, O.; WALOSCHEK, P.: Die Welt der kleinsten Teilchen: Vorstoß zur Struktur der Materie, Reinbek bei Hamburg 1994.

INFELD, L.: Leben mit Einstein, Wien-Frankfurt am Main-Zürich 1969.

PAIS, A.: Raffiniert ist der Herrgott, Braunschweig 1986.

SCRIBA, C. J.; SCHREIBER, P.: 5000 Jahre Geometrie, Berlin 2000.

SEXL, R.; SCHMIDT, H. K.: Raum – Zeit – Relativität, Braunschweig 1991.

TAYLOR, E. F.; WHEELER, J.: Physik der Raumzeit, Heidelberg 1994.

THIRRING, W.: Kosmische Impressionen. Gottes Spuren in den Naturgesetzen, Wien 2004.

THORNE, K.: Gekrümmter Raum und verbogene Zeit. Einsteins Vermächtnis, München 1994.

WEINBERG, S.: Die ersten drei Minuten. Der Ursprung des Universums, München 1980.

INTERNET:

http://www.math.uni-goettingen.de/Personen/Bedeutende_Mathematiker/minkowski.html

http://www.manhattanrarebooks-science.com/images/minkowski_-_raum.jpg

http://de.wikipedia.org/

http://edoc.hu-berlin.de/cmsj/27/biener-klaus-77/HTML/22.xml: BIENER, K.: Hermann Minkowski – Mathematiklehrer Einsteins. In cms-journal Nr. 27, August 2005.